普通高等教育"十一五"规划教材
高等学校计算机科学与技术系列教材

数据结构实验指导与课程设计教程

陈建新　李志敏　主编

科学出版社
北京

内 容 简 介

本书是《数据结构》一书配套的实验教材，用于辅助实验教学。全书共分三篇。第一篇为基础实验，介绍数据结构与算法基础知识的实验，包括线性表、栈和队列、串、数组，以及广义表、树和二叉树、图、查找、排序等内容，一共有12个实验。第二篇为综合实验，是数据结构知识的应用与提高，包括链表的应用，栈和队列的应用，树结构的应用，图结构的应用以及文本文件检索等综合性实验内容，共10个实验。第三篇为课程设计，详细介绍了7个课程设计的课题，综合性较强，另外还给出了一部分实训项目，内容涉及数据结构课程的多个应用领域，以引导学生进行开发实践。

本书既可以作为《数据结构》课程的实验教材，也可作为其课程设计的参考用书。

图书在版编目(CIP)数据

数据结构实验指导与课程设计教程/陈建新，李志敏主编. —北京：科学出版社，2010.2

普通高等教育"十一五"规划教材

(高等学校计算机科学与技术系列教材)

ISBN 978-7-03-026571-5

Ⅰ.①数… Ⅱ.①陈…②李… Ⅲ.①数据结构—高等学校—数学参考资料 Ⅳ.①TP311.12

中国版本图书馆CIP数据核字(2010)第017456号

责任编辑：黄金文/责任校对：翟 菁

责任印制：徐晓晨/封面设计：苏 波

科学出版社出版

北京东黄城根北街16号

邮政编码：100717

http://www.sciencep.com

北京凌奇印刷有限责任公司印刷

科学出版社发行 各地新华书店经销

*

开本：787×1092 1/16

2010年1月第 一 版 印张：15 3/4

2019年7月第六次印刷 字数：357 000

定价：58.00元

(如有印装质量问题，我社负责调换)

本书编委会

主　编　陈建新　李志敏

编　委　（按姓氏拼音为序）

陈佛敏　桂　超　李国屏　申鼎才

王　邯　许中元　张凯兵　张万山

周天宏　周云才

前　言

数据结构是计算机科学与技术及其相关专业的一门理论性较强的基础课，又是一门实践性较强的专业技术课。它是算法设计与分析、操作系统、软件工程、数据库概论、编译原理、计算机图形学等专业课程的基础课。它所研究的问题是计算机程序设计中的数据元素、数据对象之间的关系以及非数值计算的数据处理问题。数据的操作主要包括查找、插入、删除和遍历等非数值型计算，如何在适当的存储结构下实现这些操作算法是数据结构研究的核心问题。不同的数据结构所能施加的运算不同，不同的存储结构直接影响运算算法的实现和效率。数据的运算定义取决于逻辑结构，数据的运算算法依赖于存储结构。透彻掌握数据结构的理论与方法，有助于合理地组织存储数据、设计高效的算法、编写高质量的程序，满足实际应用的需要。

在数据结构教学与学习的过程中，实践能力和技巧的训练是一个重要的环节。为了配合《数据结构》课程教学需要，帮助和指导学生提高实践应用能力，我们组织编写了这本《数据结构实验指导与课程设计教程》，作为学习的辅助教材。

本教材共分三篇。第一篇为基础实验，介绍数据结构与算法基础知识和实验，包括线性表、栈和队列、串、数组，以及广义表、树和二叉树、图、查找、排序等内容，一共有 12 个实验，可以帮助学生熟练掌握基础知识和基本算法；第二篇为综合实验，是数据结构知识的应用与提高，包括链表的应用，栈和队列的应用，树结构的应用，图结构的应用以及文本文件检索等综合性实验内容，共有 10 个实验，用以培养学生分析和解决实际问题的能力；第三篇为课程设计，详细介绍了 7 个课程设计的课题，综合性比较强，精选实际应用课题，引导学生进行开发实践。内容涉及数据结构课程的多个应用领域，供各类教学和学习者参考。

与其他实践性教程相比，本教材有如下特色：

1. 教材努力作到“门槛低，坡度缓，层次高”。在内容编排上，先从验证型实验出发，引导学生独立进行综合实验设计，最后达到能完成综合课程设计的目标。

2. 本书内容丰富、实用性强、适用面广。既可作为《数据结构》教材的学习参考书和实验指导书，又可供高等院校各专业学生学习、实验、课程设计和考前复习，还可供教师和其他专业技术人员参考。

3. 根据数据结构教学大纲精心选择基础实验内容。考虑到本课程开课时间一般在本科低年级，学生编程能力不是很强，对基础实验编写做到过程描述详细，代码注释完整，便于初学者模仿训练，循序渐进，稳步提高。

4. 综合实验的内容按课程教学顺序设计。同时考虑到实际应用的要求，使综合实验既巩固大纲要求的知识点，又接近课程设计项目的需要，循序渐进训练学生的分析问题和解决问题以及编程能力。

5. 课程设计项目选题新颖，应用性强。将课程设计过程进行模块化描述。每个项目都有设计要求，需求分析，算法设计，编程和实例测试。通过详细的实例分析，锻炼学生动手能力，引导学生完成课程设计。

6. 本教程配套学习资源丰富，C 语言程序源代码完整，可以直接编译运行。

本书由陈建新、李志敏组织编写。参加本书编写和讨论的有陈佛敏、桂超、李国屏、申鼎才、王郜、许中元、张凯兵、张万山、周天宏、周云才等。

本书的出版得到了孝感学院的大力支持。在本书的写作过程中，参考了相关教材及网络资料，在此一并致谢。由于作者水平有限，书中难免存在一些缺点和错误，殷切希望广大读者及同行批评指正。

本书的辅助教学资源可以从 http://www.xgu.edu.cn/精品课程网页下载（正文中简称为“精品课程”网页）。

编　者

2009 年 10 月

目 录

第一篇　基础实验

实验一　顺序表实验

实验目的：理解顺序表的逻辑结构和存储结构，熟练掌握顺序表的相关操作。

1. 问题描述

顺序表是指采用顺序存储结构的线性表，它利用内存中的一片起始位置确定的连续存储区域来存放表中的所有元素。可以根据需要对表中的任何数据元素进行访问，元素的插入、删除可以在表中的任何位置进行。

2. 数据结构设计

由于C语言中一维数组(即向量)也是采用顺序存储表示，因此可用一维数组 data[MAXSIZE]来描述顺序表，其中 MAXSIZE 是一个预先设定的常数(如 100)，至于顺序表的长度(即线性表中元素的数目)可用一个整型变量 length 来表示，元素类型假定为 ElemType(ElemType 可以是任何相应的数据类型如 int，char 等)，用结构类型来定义顺序表的类型。

```
#define MAXSIZE 100   //MAXSIZE 为线性表可能的最大长度
#define ERROR   -1
typedef struct
{
    ElemType data[MAXSIZE];
    int length;    //length 为线性表的长度
} SqList;          //线性表定义
```

3. 功能(函数)说明

顺序表的基本操作：

```
InitList(SqList &L)  //初始化操作,将线性表 L 置空
CreatSqlist(SqList &L,int n)  //建立一个顺序存储的线性表
Output(SqList L)  //输出顺序表 L
IsEmpty(SqList L)  //判断表是否为空.如果 L 是空表,返回
GetElem(SqList L,int i)  //取表 L 中第 i 元素
LocateElem(SqList L,ElemType x)
  //定位函数.返回 L 中第 i 个与 x 相等的数据元素的位置(从算起).否则返回值为-1
Insert(SqList &L,ElemType x,int i)
  //在线性表 L 中第 i(0≤i≤L.length)个数据元素之前插入一个数据元素 x
Delete(SqList &L,int i)
  //删除线性表 L 中第 i(0≤I<L.length)个数据元素
Clear(SqList &L)  // 清空线性表 L
```

```
MergeList(SqList la,SqList lb,SqList &lc)
  //合并有序表 la 和 lb 到表 lc 中,使得 lc 依然有序
```

4. 界面设计

指导用户按照正确的格式输入数据,并且使界面友好。

5. 编码实现

```
#define MAXSIZE 100     //MAXSIZE 为线性表可能的最大长度
#include<stdio.h>
#include<iostream.h>
typedef int  ElemType;
typedef struct
{
     ElemType data[MAXSIZE];
     int length;     // length 为线性表的长度
} SqList;               //线性表定义

void InitList(SqList &L)  //初始化操作,将线性表 L 置空
{
     L.length=0;
}

void CreatSqlist(SqList &L,int n)       //建立一个顺序存储的线性表
{
      int i;
      for(i=0;i<n;i++)
      scanf("%d",&L.data[i]);
      L.length=n;
      fflush(stdin);       //清除一个流
}

void Output(SqList L)      //输出顺序表 L
{
      int i;
      for(i=0;i<L.length;i++)
      printf("%5d",L.data[i]);      //每个数据占 5 列
      printf("\n");
}

int IsEmpty(SqList L)
  //判断表是否为空.如果 L 是空表,返回 1,否则返回 0
```

```
{
    if(L.length==0) return 1;
    else return 0;
}

int GetElem(SqList L,int i)        //取表中第 i 元素
{
    if(i<0 || i>=L.length)  return -9999;
    else return L.data[i];      //C 语言中数组的下标从"0"开始
}

int LocateElem(SqList L,ElemType x)
//定位函数.返回 L 中第 1 个与 x 相等的数据元素的位置(从 0 算起),否则返回值为 0
{
    int k=0;
    while(k<L.length && L.data[k]!=x)
    k++;
    if(k<L.length) return k;
    else return -1;
}

int Insert(SqList &L,ElemType x,int i)
//在线性表 L 中第 i(0≤i≤L.length)个数据元素之前插入一个数据元素 x
{
    int k;
    if(i<0 || i>L.length || L.length==MAXSIZE)
        return 0;
    else
    {   for(k=L.length;k>=i;k--)
        L.data[k]=L.data[k-1];
        L.data[i]=x;
        L.length=L.length+1;
    }
    return 1;
}

int Delete(SqList &L,int i)
    //删除线性表 L 中第 i(0≤I<L.length)个数据元素
{
    int k;
    if(i<0 || i>=L.length)  //下标越界
    return 0;
```

```
        else  //移动后面的元素
        {     for(k=i;k<L.length;k++)
              L.data[k]=L.data[k+1];
              L.length--;
        }
        return 1;
}

void Clear(SqList &L)  //清空线性表 L
{
        InitList(L);
}

void MergeList(SqList la,SqList lb,SqList &lc)
//合并有序表 la 和 lb 到表 lc 中,使得表 lc 依然有序
{
        int i,j,k;
        i=j=k=0;
        while(i<la.length && j<lb.length)  //la 和 lb 均不空
        if(la.data[i]<lb.data[j])
        lc.data [k++]=la.data[i++];
        else if(la.data[i] >lb.data[j])
        lc.data[k++]=lb.data[j++];
        else  //la 和 lb 中的当前元素相等时,同时移动指针
        {
              lc.data[k++]=lb.data[j++];i++;
        }
        while(i<la.length)  //la 非空,lb 已空
        lc.data[k++]=la.data[i++];
        while(j<lb.length)  //la 已空,lb 非空
        lc.data[k++]=la.data[j++];
        lc.length=k;
}

void output()
{
        int i;
        for(i=0;i<10;i++)
        printf(" ");
        for(i=0;i<32;i++)
        printf("*");
        printf("\n");
```

```
}

void mainpp()
{
      int i;
      output();
      for(i=0;i<10;i++)  printf(" ");printf("*      ");
      printf("1.建立一个顺序表");
      for(i=0;i<10;i++)  printf(" ");printf("*");printf("\n");
      for(i=0;i<10;i++)  printf(" ");printf("*      ");
      printf("2.输出一个顺序表");
      for(i=0;i<10;i++)  printf(" ");printf("*");printf("\n");
      for(i=0;i<10;i++)  printf(" ");printf("*      ");
      printf("3.在顺序表中查找");
      for(i=0;i<10;i++)  printf(" ");printf("*");printf("\n");
      for(i=0;i<10;i++)  printf(" ");printf("*      ");
      printf("4.向顺序表中插入一个元素");
      for(i=0;i<2;i++)  printf(" ");printf("*");printf("\n");
      for(i=0;i<10;i++)  printf(" ");printf("*      ");
      printf("5.删除顺序表中的一个元素");
      for(i=0;i<2;i++)  printf(" ");printf("*");printf("\n");
      for(i=0;i<10;i++)  printf(" ");printf("*      ");
      printf("6.从顺序表中取出一个元素");
      for(i=0;i<2;i++)  printf(" ");printf("*");printf("\n");
      for(i=0;i<10;i++)  printf(" ");printf("*      ");
      printf("7.将两个顺序表合并");
      for(i=0;i<8;i++)  printf(" ");printf("*");printf("\n");
      for(i=0;i<10;i++)  printf(" ");printf("*      ");
      printf("0.退          出");
      for(i=0;i<8;i++)  printf(" ");printf("*");printf("\n");
      output();
}

void main()     //主函数
{
      int n,i,k=1,m,x;
      SqList l,la,lc;
      InitList(l);
      mainpp();
      while(k)
       {     printf("请选择 0--7 :    ");
             scanf("%d",&m);
```

```
        getchar();
    switch(m)
    {
        case 0: return;
        case 1: {       printf("输入元素值,构建顺序表:\n");
                        printf("请输入顺序表元素的个数: ");
                        scanf("%d",&n);
                        CreatSqlist(l,n);  //建立长度为 n 的顺序表 l
                        Output(l);  //输出表 l
                        break;}
        case 2: Output(l);printf("\n");break;
        case 3: {       printf("请输入要查找的元素值: ");
                        scanf("%d",&x);
                        k=LocateElem(l,x);
                        printf("要查找的元素的定位:%d\n",k);
                        printf("\n");
                        break;}
        case 4: {       printf("输入要插入元素的位置及其值: ");
                        fflush(stdin);     //清除一个流
                        scanf("%d",&i);
                        scanf("%d",&x);
                        Insert(l,x,i);
                        Output(l);  //输出插入元素后的表 l
                        printf("\n");
                        break;}
        case 5: {       printf("输入要删除元素的位置: ");
                        fflush(stdin);     //清除一个流
                        scanf("%d",&i);      Dlete(l,i);
                        Output(l);  //输出删除元素后的表 l
                        break;}
        case 6: {       printf("请输入要取出的元素的序号: ");
                        fflush(stdin);     //清除一个流
                        scanf("%d",&i);
                        k=GetElem(l,i);        //取表中第 i 元素
                        printf("取出的第%d 个元素为:%d\n",i,k);
                        break;}
        case 7: {       InitList(la);
                        printf("请输入第 2 个顺序表元素的个数: ");
                        scanf("%d",&m);
                        CreatSqlist(la,m); //建立长度为 m 的顺序表 l
                        Output(la);  //输出表 la
                        MergeList(l,la,lc);
```

```
                printf("输出合并后的顺序表中的元素:\n  ");
                Output(lc);  //输出表 lc
                break;}
        default :return;
      }
        printf("继续运行吗 Y(1)/N(0):  ");  scanf("%d",&k);
        if(! k) return;
    }
}
```

6. 运行测试

建立顺序表,按提示输入相关数据,调用相关功能函数,测试各功能函数。

实验二　链式存储实验

实验目的:理解链表的逻辑结构和存储结构,熟练掌握链表的相关操作。

1. 问题描述

链表是用一组任意的存储单元来依次存储线性表中的各个数据元素,这些存储单元可以是连续的,也可以是不连续的。用链接存储结构表示线性表的一个元素时至少要有两部分信息:一是这个数据元素的值,二是这个数据元素的直接后继的存储地址。这两部分信息一起组成了链表的一个结点。数据域用来存放数据元素的值;指针域(又称链域)用来存放该数据元素的直接后继结点的地址。链表正是通过每个结点的指针域将线性表的 n 个结点按其逻辑次序链接成为一个整体。通常用箭头表示链域中的指针,于是单链表就可以直观地画成用箭头链接起来的结点序列,单链表中每个结点的存储地址存放在其直接前驱的指针域中,因此访问单链表的每一个结点必须从表头指针开始进行。对单链表的操作主要有:建立单链表、查找(按序号查找、按值查找)、插入一个结点、删除一个结点、求表长等。

2. 数据结构设计

单链表的结点结构如下:

```
typedef struct node
{   //单链表结点结构
    ElemType  data;  //ElemType 可以是任何相应的数据类型如 int,char 等
    structnode *next;
} LinkList;
```

3. 功能(函数)说明

链表的基本操作:

```
InitList1(LinkList *&head)
    //初始化不带头结点的链表头指针
AddHead1(LinkList *&head,ElemType x)
    //使用表首添加法,向头指针为 head 的链表中插入一个结点,其值为 x
InitList(LinkList *&head)
    //初始化带头结点的链表头指针
AddHead(LinkList *head,ElemType x)
    //使用表尾添加法,向头指针为 head 的链表中插入一个结点,其值为 x
CreatList(LinkList *head,int n)
    //生成含有 n 个结点的单链表
output(LinkList *head)  //输出单链表
```

GetNode(LinkList *head,int i)

//在带头结点的单链表中查找第 i 个结点,找到返回该结点指针,否则返回 NULL

LocateNode(LinkList *head,ElemType x)

//在带头结点的单链表中查找值为 x 的结点,找到返回结点指针,否则返回 NULL

InsertNode(LinkList *head,int i,ElemType x)

//在带头结点的单链表中第 i 个结点位置上插入值为 x 的结点

DeleteNode1(LinkList *head,ElemType x)

//在带头结点的单链表中删除值为 x 的结点

DeleteNode(LinkList *head,int i)

//在带头结点的单链表中删除第 i 个结点

Length(LinkList *head)　//在带头结点的单链表中求表的长度

InsertOrder(LinkList *head,int x)

//在有序单链表 L 中插入值为 x 的结点,插入后仍然有序

union1(LinkList *head,LinkList *B,LinkList *&C)

//A 和 B 是两个带头结点的递增有序的单链表,本算法将两个表合并成一个带头结点的递增有序单链表 C,利用原表空间。

4. 界面设计

指导用户按照正确的格式输入数据。

5. 编码实现

```
#include <stdio.h>
#include <iostream.h>
#include <process.h>
typedef int ElemType;
#define MaxSize 100   //最大元素个数
typedef struct       //顺序循环队列的类型定义
{   ElemType data[MaxSize];  //队列元素存储空间
    int front;            //队头指针
    int rear;             //队尾指针
}  CircSeqQueue;

void QueueInitial(CircSeqQueue *pQ)
     //创建一个由指针 pQ 所指向的空顺序循环队列
{
     pQ->front=pQ->rear=0;
}

int IsEmpty(CircSeqQueue *pQ)
//顺序循环队列为空时返回 1,否则返回 0
{
     return pQ->front==pQ->rear;
}

int IsFull(CircSeqQueue *pQ)
```

```
      //循队列满时返回 1,否则返回 0
{
      return(pQ->rear+1)%MaxSize==pQ->front;
}

void EnQueue(CircSeqQueue *pQ,ElemType e)
      //若队列不满,则元素 e 进队
{
      if(IsFull(pQ))   //队列已满,退出
      {     printf("队列溢出!\n");
            return;
      }
      pQ->rear=(pQ->rear+1)%MaxSize;   //队尾指针后移
      pQ->data[pQ->rear]=e;
}

ElemType DeQueue(CircSeqQueue *pQ)
      //若循环队列不为空,则删除队头元素,并返回它的值
{
      if(IsEmpty(pQ))   //队列为空,退出
      {     printf("空队列!\n");
            exit(1);
      }
      pQ->front=(pQ->front+1)%MaxSize;   //队头指针后移
      return pQ->data[pQ->front];
}

ElemType GetFront(CircSeqQueue *pQ)
      //若队列不为空,则返回队头元素的值
{
      if(IsEmpty(pQ))
      {     printf("空队列!\n");
            exit(1);
      }
      return pQ->data[(pQ->front+1)%MaxSize];
}

void MakeEmpty(CircSeqQueue *pQ)
      //将由指针 pQ 所指向的队列变为空队
{
      pQ->front=pQ->rear=0;
}
```

```
void output1()
{
     int i;
     for(i=0;i<10;i++)
     printf(" ");
     for(i=0;i<32;i++)
     printf("*");
     printf("\n");
}

void mainpp()
{
     int i;
     output1();
     for(i=0;i<10;i++)  printf(" ");printf("*     ");
     printf("1.元素进队");
     for(i=0;i<16;i++)  printf(" ");printf("*");printf("\n");
     for(i=0;i<10;i++)  printf(" ");printf("*     ");
     printf("2.元素出队");
     for(i=0;i<16;i++)  printf(" ");printf("*");printf("\n");
     for(i=0;i<10;i++)  printf(" ");printf("*     ");
     printf("3.读队首元素");
     for(i=0;i<14;i++)  printf(" ");printf("*");printf("\n");
     for(i=0;i<10;i++)  printf(" ");printf("*     ");
     printf("4.队列置空");
     for(i=0;i<16;i++)  printf(" ");printf("*");printf("\n");
     for(i=0;i<10;i++)  printf(" ");printf("*     ");
     printf("0.退            出");
     for(i=0;i<8;i++)  printf(" ");printf("*");printf("\n");
     output1();
}

void main()   //主函数
{
     int k,m,n,i;
     CircSeqQueue *pQ;
     ElemType e;
     pQ=new CircSeqQueue;
     QueueInitial(pQ);
     mainpp();
     while(k)
     {printf("请选择 0--4 :     ");scanf("%d",&m);
```

```
        //getchar();
        switch(m)
        {
            case 0: return;
            case 1: {       printf("请输入入队元素的个数:  ");
                            scanf("%d",&n);
                            printf("输入元素,入队:\n  ");
                            for(i=0;i<n;i++)
                            {
                                scanf("%d",&e);
                                EnQueue( pQ,e);
                            }
                break;}
            case 2: {       printf("请输入出队元素的个数:  ");
                            scanf("%d",&n);
                            for(i=0;i<n;i++)
                                    {
                                        e=DeQueue( pQ);
                                        printf("%d\n",e);
                                    }
                            break;  }
            case 3: {       printf("取出队首元素:\n  ");
                            e=GetFront(pQ);
                            printf("%d\n",e);
                            break;  }
            case 4: {       printf("队列置空: \n");
                             MakeEmpty(pQ);
                            printf("\n");
                            break;  }
            default: return;
        }
            printf("继续运行吗 Y(1)/N(0):  ");  scanf("%d",&k);
            if(!k) return;
        }

    }
```

6. 运行测试

建立链表,输入相关数据,测试各功能函数。

实验三　顺序栈实验

实验目的:理解顺序栈的逻辑结构和存储结构,熟练掌握顺序栈的相关操作。

1. 问题描述

栈是限制为仅仅能在表的一端插入和删除的线性表,是生活中某些过程的抽象。

插入删除的一端称为栈顶(Top)、插入操作通常称为进栈或者入栈(Push)。不能插入删除的一端称为栈底(Bottom),删除操作通常称为出栈或者退栈(Pop)。依据栈的定义,栈顶的元素总是最后进栈的,并且是最先出栈的;栈底元素正好相反,最先进栈,最后出栈,因此,栈有着后进先出(Last In First Out—LIFO)的特性,也称为后进先出表。使用顺序表来表示一个栈。

2. 数据结构设计

顺序栈的数据类型:

```
#define MaxSize 100                  //最大元素个数
typedef struct                       //顺序栈的类型定义
{       ElemType data[MaxSize];      //栈元素存储空间
        int top;                     //栈顶指针
} SeqStack;
```

3. 功能(函数)说明

顺序栈基本操作:

```
StackInitial(SeqStack *pS)          //创建一个由指针 pS 所指向的空顺序栈
IsEmpty(SeqStack *pS)               //顺序栈为空时返回
IsFull(SeqStack *pS)                //栈满时返回
Push(SeqStack *pS,ElemType e)       //若栈不满,则元素 e 进栈
Pop(SeqStack *pS)                   //若栈不为空,则删除栈顶元素,并返回它的值
GetTop(SeqStack *pS)                //若栈不为空,则返回栈顶元素的值
MakeEmpty(SeqStack *pS)             //将由指针 pS 所指向的栈变为空栈
```

4. 界面设计

指导用户按照正确的格式输入数据。

5. 编码实现

```
#include <stdio.h>
#include <iostream.h>
```

```
#include <malloc.h>
#define MaxSize  100      //最大元素个数
typedef int ElemType;
typedef struct           //顺序栈的类型定义
{      ElemType data[MaxSize];  //栈元素存储空间
       int top;  //栈顶指针
}SeqStack;

void StackInitial(SeqStack *pS)
//创建一个由指针 pS 所指向的空顺序栈
{
    pS ->top=-1;
}

int IsEmpty(SeqStack *pS)
//顺序栈为空时返回 1,否则返回 0
{
      return pS ->top==-1;
}

int IsFull(SeqStack *pS)      //栈为满时返回 1,否则返回 0
{
      return pS ->top >=MaxSize -1;
}

void Push(SeqStack *pS,ElemType e)      //若栈不满,则元素 e 进栈
{
     if(IsFull(pS)) //栈已满,退出
     {
         printf("栈满溢出!\n");
         return;
     }
      pS ->data[++pS->top]=e;
}

ElemType Pop(SeqStack *pS)
//若栈不为空,则删除栈顶元素,并返回它的值
{
     if(IsEmpty(pS))      //栈为空,退出
     {      printf("空栈!\n");
            return 0;
     }
```

```
    return pS ->data[ pS ->top --];
}

ElemType GetTop(SeqStack *pS)
  //若栈不为空,则返回栈顶元素的值
{
    if(IsEmpty(pS))  //栈为空,退出
    {
        printf("空栈!\n");
        return 0;
    }
    return pS ->data[ pS ->top ];
}

void MakeEmpty(SeqStack *pS)
//将由指针 pS 所指向的栈变为空栈
{
    pS ->top  =-1;
}

void output1()
{
    int i;
    for(i=0;i<10;i++)
    printf(" ");
    for(i=0;i<32;i++)
    printf("*");
    printf("\n");
}

void mainpp()
{
    int i;
    output1();
    for(i=0;i<10;i++)  printf(" ");printf("*     ");
    printf("1.元素进栈");
    for(i=0;i<16;i++)  printf(" ");printf("*");printf("\n");
    for(i=0;i<10;i++)  printf(" ");printf("*     ");
    printf("2.元素出栈");
    for(i=0;i<16;i++)  printf(" ");printf("*");printf("\n");
    for(i=0;i<10;i++)  printf(" ");printf("*     ");
    printf("3.读栈顶元素");
```

```
    for(i=0;i<14;i++)  printf(" ");printf("*");printf("\n");
    for(i=0;i<10;i++)  printf(" ");printf("*     ");
    printf("4.栈置空");
    for(i=0;i<18;i++)  printf(" ");printf("*");printf("\n");
    for(i=0;i<10;i++)  printf(" ");printf("*     ");
    printf("0.退              出");
    for(i=0;i<8;i++)  printf(" ");printf("*");printf("\n");
    output1();
}

void main()  //主函数
{
    SeqStack *pS;
    ElemType e;
    int k=1,m,i,n;
    pS=(SeqStack *)malloc(sizeof(SeqStack));
    StackInitial(pS);
    mainpp();
    while(k)
    {printf("请选择 0--4 :    ");scanf("%d",&m);
    //getchar();
    switch(m)
    {
        case 0: return;
        case 1: {       printf("输入数 n,再输入 n 个元素,入栈:  ");
                        scanf("%d",&n);
                        for(i=0;i<n;i++)
                        { scanf("%d",&e);
                        Push(pS,e);}
                        break;}
        case 2: {       e=Pop(pS);
                        printf("%d\n",e);
                        printf("\n");
                        break;}
        case 3: {       printf("取出栈顶元素:  ");
                        GetTop(pS);
                        printf("\n");
                        break;}
        case 4: {       printf("栈置空: \n");
                        MakeEmpty(pS);
                        printf("\n");
                        break;}
```

```
            default: return;
        }
            printf("继续运行吗 Y(1)/N(0):  ");
            scanf("%d",&k);
            if(!k) return;
        }

    }
```

6. 运行测试

运行程序,输入顺序表的数据,建立顺序栈,测试各功能函数。

实验四　链式栈实验

实验目的：理解链式栈的逻辑结构和存储结构，熟练掌握链式栈的相关操作。

1. 问题描述

问题描述同前面的顺序栈，这里是使用一个链表来表示一个栈。使用带表头结点的链表，这样所有对栈的初始化和判断条件都需要作相应的更改。

2. 数据结构设计

链式栈的数据类型：

```
typedef struct stackNode            //链栈结点的类型定义
{   ElemType data;                  //数据域
    struct stackNode *next;         //指针域
} StackNode;
typedef struct                      //链栈的类型定义
{
    StackNode *top;                 //栈顶指针
} LinkStack;
```

3. 功能(函数)说明

链式栈基本操作：

```
StackInitial(LinkStack *pS)         //创建一个由指针 pS 所指向的空链栈
IsEmpty(LinkStack *pS)              //链栈为空时返回
IsFull(LinkStack *pS)               //栈为满时返回
Push(LinkStack *pS,ElemType e)      //若栈不满，则元素 e 进栈
Pop(LinkStack *pS)                  //若栈不为空，则删除栈顶元素，并返回它的值
GetTop(LinkStack *pS)               //若栈不为空，则返回栈顶元素的值
MakeEmpty(LinkStack *pS)            //将由指针 pS 所指向的栈变为空栈
```

4. 界面设计

指导用户按照正确的格式输入数据。

5. 编码实现

```
#include<stdio.h>
#include<iostream.h>
typedef int ElemType;
```

```
typedef struct stackNode      //链栈结点的类型定义
{   ElemType data;            //数据域
    struct stackNode *next;   //指针域
} StackNode;
typedef struct                //链栈的类型定义
{
  StackNode *top;             // 栈顶指针
} LinkStack;

void StackInitial(LinkStack *pS)
     //指针 pS 所指向的链栈初始化为有表头结点链表
{
     StackNode *p;
     p=new StackNode;
     if(p==NULL)              //内存分配失败,退出
     {      printf("内存分配失败!\n");
            return;
     }
     p->next=NULL;            //头结点指针域置空
     pS->top=p;
}

int IsEmpty(LinkStack *pS)
//链栈为空时返回 1,否则返回 0
{
     return pS->top->next==NULL;
}

void Push(LinkStack *pS,ElemType e)
  //将元素 e 插入到栈顶
{
     StackNode *p;
     p=new StackNode;
     if(p==NULL)  //内存分配失败
     {     printf("内存分配失败!\n");
           return;
     }
     p->data=e;
     p->next=pS->top->next;   //栈顶插入
     pS->top->next=p;
}
```

```
ElemType Pop(LinkStack *pS)
  //若栈不为空,则删除栈顶元素,并返回它的值
{
     ElemType temp;
     StackNode *p;
     if(IsEmpty(pS))          //栈为空,退出
     {     printf("空栈!\n");
           return  0;
     }
     p=pS->top->next;
     temp=p->data;                    //保存栈顶结点数据
     pS->top->next=p->next;   //栈顶指针后移
     delete p;                        //释放结点
     return temp;
}

ElemType GetTop(LinkStack *pS)
     //若栈不为空,则返回栈顶元素的值
{
     StackNode *p;
     if(IsEmpty(pS))                  //栈为空,退出
     {     printf("空栈!\n");
           return  0;
     }
     p=pS->top->next;
     return p->data;
}

void MakeEmpty(LinkStack *pS)
     //将链栈设置为空栈,仅保留头结点
{
     StackNode *p,*q;                 //p为当前结点指针
     p=pS->top->next;                 //从第一个结点开始
     while(p!=NULL)                   //当没有到达栈底时
     {     q=p;                       //暂存当前结点指针
           p=p->next;                 //当前结点指针后移
           delete p;
     }
     pS->top->next=NULL;    //头结点指针域置空
}

void Destroy(LinkStack *pS)
```

```
//释放链栈所有结点的存储空间
{
    StackNode *p,*q;
    p=pS->top;                    //从第一个结点开始
    while(p!=NULL)
    {   q=p;                      //暂存当前结点指针
        p=p->next;                //当前结点指针后移
        delete p;
    }
    pS->top=NULL;                 //栈顶指针置空
}

void output1()
{
    int i;
    for(i=0;i<10;i++)
    printf(" ");
    for(i=0;i<32;i++)
    printf("*");
    printf("\n");
}

void mainpp()
{
    int i;
    output1();
    for(i=0;i<10;i++)  printf(" ");printf("*     ");
    printf("1.元素进栈");
    for(i=0;i<16;i++)  printf(" ");printf("*");printf("\n");
    for(i=0;i<10;i++)  printf(" ");printf("*     ");
    printf("2.元素出栈");
    for(i=0;i<16;i++)  printf(" ");printf("*");printf("\n");
    for(i=0;i<10;i++)  printf(" ");printf("*     ");
    printf("3.读栈顶元素");
    for(i=0;i<14;i++)  printf(" ");printf("*");printf("\n");
    for(i=0;i<10;i++)  printf(" ");printf("*     ");
    printf("4.栈置空");
    for(i=0;i<18;i++)  printf(" ");printf("*");printf("\n");
    for(i=0;i<10;i++)  printf(" ");printf("*     ");
    printf("0.退          出");
    for(i=0;i<8;i++)  printf(" ");printf("*");printf("\n");
    output1();
}

void main()  //主函数
{
```

```
        int k=1,m,x;
        LinkStack *HS;
        StackNode  *pS;
        ElemType e;
        HS=new LinkStack;
        pS=new StackNode;
        StackInitial(HS);
        mainpp();
        while(k)
        {printf("请选择 0--4 :    ");  scanf("%d",&m);
        //getchar();
        switch(m)
        {
            case 0: return;
            case 1: {     printf("输入元素,入栈:  ");
                          scanf("%d",&e);
                          Push(HS,e);
                          break;}
            case 2: {     e=Pop(HS);
                          printf("%d\n",e);
                          printf("\n");
                          break;}
            case 3: {     printf("取出栈顶元素:  ");
                          x=GetTop(HS);
                          printf("%d\n",x);
                          break;}
            case 4: {     printf("栈置空: \n");
                          MakeEmpty(HS);
                          printf("\n");
                          break;}
            default: return;
        }
            printf("继续运行吗 Y(1)/N(0):  ");  scanf("%d",&k);
            if(!k) return;
        }

    }
```

6. 运行测试

输入相关数据,建立链表,以链表作为栈,测试各功能函数。

实验五　顺序循环队列实验

实验目的：理解顺序队列的逻辑结构和存储结构，熟练掌握顺序队列的相关操作。

1. 问题描述

队列是限制为仅仅能在表的一端插入和另一端删除的线性表，是生活中排队的抽象。

插入的一端称为队尾(Rear)，插入操作通常称进队(Enqueue)；删除的一端称为队头(Front)，删除操作通常称出队(Dequeue)。队列是有着先进先出(First In First Out-FIFO)的特性，也称为先进先出表。这里是采用顺序存储结构来实现的队列为顺序队列。队列的顺序存储结构也是利用一维数组来依次存放从队尾到队头的元素。设置 front 来指示队列当前队头元素的位置，rear 来指示队列当前队尾元素的位置。顺序队列随着插入和删除操作的进行，队头和队尾标志顺序向后移动，当元素被插入到数组中的最高位置之后，队列的空间就用完了，数组的低端还有许多空闲空间，但已经无法插入，这种现象通称为顺序队列的"假溢出"。为解决顺序队列的"假溢出"，可以将存储队列的数组看作是首尾相连的循环结构(循环队列)。循环队列判满和空的条件：front 永远指向队头元素的前一个位置，队列中有一个元素空间不可用，队空判断条件：rear==front，队满判断条件：(rear+1)%MaxSize==front。

2. 数据结构设计

顺序循环队列的数据类型：

```
#define MaxSize 100                    //最大元素个数
typedef struct                         //顺序循环队列的类型定义
{    ElemType data[MaxSize];           //队列元素存储空间
     int front;                        //队头指针
     int rear;                         //队尾指针
} CircSeqQueue;
```

3. 功能(函数)设计

顺序循环队列基本操作：

```
QueueInitial(CircSeqQueue *pQ)
     //创建一个由指针 pQ 所指向的空顺序循环队列
IsEmpty(CircSeqQueue *pQ)
     //顺序循环队列为空时返回 1,否则返回 0
IsFull(CircSeqQueue *pQ)
     //循环队列为满时返回 1,否则返回 0
EnQueue(CircSeqQueue *pQ,ElemType e)
```

```
        //若队列不满,则元素 e 进队
DeQueue(CircSeqQueue *pQ)
        //若循环队列不为空,则删除队头元素,并返回它的值
GetFront(CircSeqQueue *pQ)
        //若队列不为空,则返回队头元素的值
MakeEmpty(CircSeqQueue *pQ)
        //将由指针 pQ 所指向的队列变为空队
```

4. 界面设计

指导用户按照正确的格式输入数据。

5. 编码实现

```
#include<stdio.h>
#include<iostream.h>
#include<process.h>
typedef int ElemType;
#define MaxSize 100                 //最大元素个数
typedef struct                      //顺序循环队列的类型定义
{    ElemType data[MaxSize];        //队列元素存储空间
     int front;                     //队头指针
     int rear;                      //队尾指针
}  CircSeqQueue;

void QueueInitial(CircSeqQueue *pQ)
     //创建一个由指针 pQ 所指向的空顺序循环队列
{
     pQ->front=pQ->rear=0;
}

int IsEmpty(CircSeqQueue *pQ)
     //顺序循环队列为空时返回 1,否则返回 0
{
     return pQ->front==pQ->rear;
}

int IsFull(CircSeqQueue *pQ)
     //循环队列为满时返回 1,否则返回 0
{
     return(pQ->rear+1)%MaxSize==pQ->front;
}
```

```
void EnQueue(CircSeqQueue *pQ,ElemType e) //若队列不满,则元素 e 进队
{
    if(IsFull(pQ))               //队列已满,退出
    {   printf("队列溢出!\n");
        return;
    }
    pQ->rear=(pQ->rear+1)%MaxSize;      //队尾指针后移
    pQ->data[pQ->rear]=e;
}

ElemType DeQueue(CircSeqQueue *pQ)
    //若循环队列不为空,则删除队头元素,并返回它的值
{
    if(IsEmpty(pQ))  //队列为空,退出
    {   printf("空队列!\n");
        exit(1);
    }
    pQ->front=(pQ->front+1)%MaxSize;  //队头指针后移
    return pQ->data[pQ->front];
}

ElemType GetFront(CircSeqQueue *pQ)
    //若队列不为空,则返回队头元素的值
{
    if(IsEmpty(pQ))
    {   printf("空队列!\n");
        exit(1);
    }
    return pQ->data[(pQ->front+1)%MaxSize];
}

void MakeEmpty(CircSeqQueue *pQ)
    //将由指针 pQ 所指向的队列变为空队
{
    pQ->front=pQ->rear=0;
}

void output1()
{
    int i;
    for(i=0;i<10;i++)
    printf(" ");
```

```
        for(i=0;i<32;i++)
        printf("*");
        printf("\n");
    }

    void mainpp()
    {
        int i;
        output1();
        for(i=0;i<10;i++)  printf(" ");printf("*     ");
        printf("1.元素进队");
        for(i=0;i<16;i++)  printf(" ");printf("*");printf("\n");
        for(i=0;i<10;i++)  printf(" ");printf("*     ");
        printf("2.元素出队");
        for(i=0;i<16;i++)  printf(" ");printf("*");printf("\n");
        for(i=0;i<10;i++)  printf(" ");printf("*     ");
        printf("3.读队首元素");
        for(i=0;i<14;i++)  printf(" ");printf("*");printf("\n");
        for(i=0;i<10;i++)  printf(" ");printf("*     ");
        printf("4.队列置空");
        for(i=0;i<16;i++)  printf(" ");printf("*");printf("\n");
        for(i=0;i<10;i++)  printf(" ");printf("*     ");
        printf("0.退              出");
        for(i=0;i<8;i++)  printf(" ");printf("*");printf("\n");
        output1();
    }

    void main()  //主函数
    {
        int k,m,n,i;
        CircSeqQueue   *pQ;
        ElemType e;
        pQ=new CircSeqQueue;
        QueueInitial( pQ);
        mainpp();
        while(k)
        {printf("请选择 0--4 :     ");scanf("%d",&m);
        //getchar();
        switch(m)
        {
            case 0: return;
            case 1: {     printf("请输入入队元素的个数: ");
```

```
                scanf("%d",&n);
                printf("输入元素,入队:\n  ");
                for(i=0;i<n;i++)
                  {
                        scanf("%d",&e);
                        EnQueue( pQ,e);
                  }
            break;
           }
      case 2: {     printf("请输入出队元素的个数:  ");
                    scanf("%d",&n);
                    for(i=0;i<n;i++)
                    {
                        e=DeQueue( pQ);
                        printf("%d\n",e);
                    }
                    break;
              }
      case 3: {     printf("取出队首元素:\n  ");
                    e=GetFront(pQ);
                    printf("%d\n",e);
                    break;}
      case 4: {     printf("队列置空: \n");
                    MakeEmpty(pQ);
                    printf("\n");
                    break;
                    }
      default: return;
  }
      printf("继续运行吗 Y(1)/N(0):  ");
      scanf("%d",&k);
      if(! k) return;
  }
}
```

6. 运行测试

输入数据,建立顺序循环队列,测试各功能函数。

实验六 链式队列实验

实验目的:理解链式队列的逻辑结构和存储结构,熟练掌握链式队列的相关操作。

1. 问题描述

队列的链式存储结构通常也是采用单链表表示,结点同样包括数据域和指针域。由于队列需要固定在链表的头部删除和尾部插入,所以将链表的表头作为队头时,删除极为方便,为了方便在链表尾部的插入,需要增加一个指针指向尾结点。

为了简化链表的插入和删除操作,一般采用带表头结点的单链表来表示链式队列,所有初始化和判断条件需要作相应的更改。

2. 数据结构设计

链式队列的数据类型:

```
typedef struct queueNode                    //链式队列结点的类型定义
{     ElemType data;                        //数据域
      struct queueNode *next;               //指针域
} QueueNode;
typedef struct                              //链式队列的类型定义
{     QueueNode *front;                     //队头指针
      QueueNode *rear;                      //队尾指针
} LinkQueue;
```

3. 功能(函数)说明

链式队列基本操作:
各功能函数同顺序循环队列。

4. 界面设计

指导用户按照正确的格式输入数据。

5. 编码实现

```
#include <stdio.h>
#include <iostream.h>
typedef int ElemType;
typedef struct queueNode                    //链式队列结点的类型定义
{     ElemType data;                        //数据域
      struct queueNode *next;               //指针域
```

```
} QueueNode;
typedef struct                          //链式队列的类型定义
{    QueueNode *front;                  //队头指针
     QueueNode *rear;                   //队尾指针
} LinkQueue;

void QueueInitial(LinkQueue *pQ)
     //指针 pQ 所指向的链式队列初始化为有表头结点链表
{
     pQ->front=new QueueNode;
     if(pQ->front==NULL)
     {    printf("内存分配失败!\n");
          return;
     }
     pQ->rear=pQ->front;
     pQ->front->next=NULL;    //头结点指针域置空
}

int IsEmpty(LinkQueue *pQ)
     //链队列为空时返回 1,否则返回 0
{
     return pQ->front==pQ->rear;
}

void EnQueue(LinkQueue *pQ,ElemType e)
  //将元素 e 插入到队尾
{
     QueueNode *p;
     p=new QueueNode;
     if(p==NULL)                        //空间分配失败
     {    printf( "内存分配失败!\n");
          return;
     }
     p->data=e;
     p->next=NULL;                      //设置为尾结点
     pQ->rear->next=p;                  //尾部插入
     pQ->rear=p;                        //尾指针后移
     }

ElemType DeQueue(LinkQueue *pQ)
     //若队列不为空,则删除队头元素,并返回它的值
{
```

```
        QueueNode *first;
        ElemType temp;
        if(IsEmpty(pQ))                    //队列为空,退出
        {   printf("空队!\n");
            return 0;
        }
        first=pQ->front->next;             //first 指向队头结点
        temp=first->data;                  //暂存队头元素值
        pQ->front->next=first->next;       //摘下队头结点
        if(pQ->rear==first)
            //只有一个结点时,修改尾指针
            pQ->rear=pQ->front;
        delete first;
        return temp;
}

ElemType GetFront(LinkQueue *pQ)
        //若队列不为空,则返回队头元素的值
{
        QueueNode *first;
        if(IsEmpty(pQ))                    //队列为空,退出
        {   printf("空队!\n");
            return 0;
        }
        first=pQ->front->next;             //first 指向队头结点
        return first->data;                //返回队头元素值
}

void MakeEmpty(LinkQueue *pQ)
        //清除链式队列中所有元素,仅保留头结点
{
        QueueNode *p,*q;                   //p 为当前结点指针
        p=pQ->front->next;                 //p 指向第一个元素结点
        while(p!=NULL)                     //当没有到达队尾时
        {   q=p;
            p=p->next;                     //当前结点指针后移
            delete q;
        }
        pQ->front->next=NULL;              //头结点指针域置空
        pQ->rear=pQ->front;                //队头与队尾指针指向头结点
}
```

```
void Destroy(LinkQueue *pQ)
    //销毁链式队列所有结点的存储空间
{
    QueueNode *p,*q;                    //p为当前结点指针
    p=pQ->front;                        //p指向表头结点
    while(p !=NULL)
    {   q=p;
        p=p->next;                      //当前结点指针后移
        delete q;
    }
    pQ->rear=pQ->front=NULL;            //队头与队尾指针置空
}

void output1()
{
    int i;
    for(i=0;i<10;i++)
    printf(" ");
    for(i=0;i<32;i++)
    printf("*");
    printf("\n");
}

void mainpp()
{
    int i;
    output1();
    for(i=0;i<10;i++)  printf(" ");printf("*     ");
    printf("1.元素进队");
    for(i=0;i<16;i++)  printf(" ");printf("*");printf("\n");
    for(i=0;i<10;i++)  printf(" ");printf("*     ");
    printf("2.元素出队");
    for(i=0;i<16;i++)  printf(" ");printf("*");printf("\n");
    for(i=0;i<10;i++)  printf(" ");printf("*     ");
    printf("3.读队首元素");
    for(i=0;i<14;i++)  printf(" ");printf("*");printf("\n");
    for(i=0;i<10;i++)  printf(" ");printf("*     ");
    printf("4.队列置空");
    for(i=0;i<16;i++)  printf(" ");printf("*");printf("\n");
    for(i=0;i<10;i++)  printf(" ");printf("*     ");
    printf("0.退            出");
    for(i=0;i<8;i++)  printf(" ");printf("*");printf("\n");
```

```
        output1();
    }

    void main()  //主函数
    {
        int k,m;
        LinkQueue *HS;
        QueueNode *pS;
        ElemType e,x;
        HS=new LinkQueue;
        pS=new QueueNode;
        QueueInitial(HS);
        mainpp();
        while(k)
        {printf("请选择 0--4 :     ");scanf("%d",&m);
        //getchar();
        switch(m)
        {
            case 0: return;
            case 1: {     printf("输入元素,入队:  ");
                          scanf("%d",&e);
                          EnQueue(HS,e);
                          break;}
            case 2: {     e=DeQueue(HS);
                          printf("%d\n",e);
                          break;}
            case 3: {     printf("取出队首元素:  ");
                          x=GetFront(HS);
                          printf("%d\n",x);
                          break;}
            case 4: {     printf("队列置空:\n");
                          MakeEmpty(HS);
                          printf("\n");
                          break;}
            default: return;
            }
            printf("继续运行吗 Y(1)/N(0):  ");  scanf("%d",&k);
            if(!k) return;
            }
    }
```

6. 运行测试

输入数据,建立链式队列,测试各功能函数。

实验七　串的基本运算

实验目的：(1) 掌握串的特点及其顺序定长存储方式。(2) 掌握串的创建、连接、插入、删除、显示、查找、取子字符串、比较串的大小的操作。(3) 掌握模式匹配的思想和算法。

1. 问题描述

串是一种特殊的线性表，串中所有数据元素都按某种次序排列在一个序列中。串是由 0 个或多个字符构成的有限序列。线性表有两种存储结构：顺序存储和链式存储，串是一种特殊的线性表，因此也有两种基本存储结构：顺序串和链式串。

采用顺序存储时，串是用一块地址连续的存储单元来存储串值。串链式存储时，链表中每个结点可以存放一个字符，也可以存放多个字符。

串的模式匹配即子串定位。设 s 和 t 是给定的两个串，在主串 s 中找到子串 t 的过程称为模式匹配。如果在主串 s 中找到子串 t，则匹配成功，函数返回子串 t 在主串 s 中首次出现的存储(或序号)；否则匹配不成功，返回-1。

2. 数据结构设计

串的数据类型：

```
typedef struct
{
    char vec[STRINGMAX]
    int len;
}str;
```

3. 功能(函数)说明

串的基本操作：

```
void ConcatStr(str *r1,str *r2)        //连接字符串
void SubStr(str *r,int i,int j)        //取出子字符串
void DelStr(str *r,int i,int j)        //删除子字符串
str *InsStr(str *r,str *r1,int i)      //插入子字符串
int InDexStr(str *r,str *r1)           //查找子字符串
int LenStr(str *r)                     //计算字符串长度
int EqualStr(str *r1,str *r2)          //比较字符串大小
```

4. 界面设计

指导用户按照正确的格式输入数据。

5. 编码实现

```
#include <stdio.h>
#define STRINGMAX 100
typedef struct
{    char vec[STRINGMAX];
     int len;
}str;
void ConcatStr(str *r1,str *r2)    //串连接
{     int i;
      printf("\n.t.tr1=%s r2=%\n ",r1->vec,r2->vec);
      if(r1->len+r2->len>STRINGMAX)
            //连接后的串长超过串的最大长度
      printf("\n\t\t 两个串太长,溢出!\n");
      else
      {
         for(i=0;i<r2->len;i++)
         r1->vec[r1->len+i]=r2->vec[i];   //进行连接
         r1->vec[r1->len+i]='\0';
         r1->len=r1->len+r2->len;          //修改连接后新串的长度
      }
}
void SubStr(str *r,int i,int j)            //求子串
{     int k;
      str a;
      str *r1=&a;
      if(i+j-1>r->len)
      {    printf("\n\t\t 字串超界!\n");
           return;
      }
      else
      {    for(k=0;k<j;k++)
           r1->vec[k]=r->vec[i+k-1];        //从 r 中取出子串
           r1->len=j;
           r1->vec[r->len]='0';
      }
        printf("\n\t\t 取出字符为:");
        puts(r1->vec);
      }
void DelStr(str *r,int i,int j)
```

```
//删除子串,i指定位置,j为连续删除的字符个数
{    int k;
     if(i+j-1>r->len)
     printf("\n\t\t所要删除的子串超界!\n");
     else
     {       for(k=i+j;k<r->len;k++,i++)
             r->vec[i]=r->vec[k];  //将后面字符串前移覆盖
             r->len=r->len-j;
             r->vec[r->len]='\0';
}
      }
str *InsStr(str *r,str *r1,int i)
{    int k;
     if(i>=r->len || r->len+r1->len>STRINGMAX)
     printf("\n\t\t不能插入!\n");
     else
     {       for(k=r->len-1;k>=i;k--)
             r->vec[r1->len+k]=r->vec[k];  //后移空出位置
             for(k=0;k<r1->len;k++)
             r->vec[i+k]=r1->vec[k];       //插入子串r1
             r->len=r->len+r1->len;
             r->vec[r->len]='\0';
}
  return r;
}
int IndexStr(str *r,str *r1)
{    int i,j,k;
     for(i=0;r->vec[i];i++)
     for(j=i,k=0;r->vec[j]==r1->vec[k];j++,k++)
     if(!r1->vec[k+1])
     return i;
     return -1;
}
int LenStr(str *r)
{    int i=0;
     while(r->vec[i]!='\0')
     i++;
     return i;
}

str *CreateStr(str *r)
{    gets(r->vec);
```

```
        r->len=LenStr(r);
        return r;
    }

    int EqualStr(str *r1,str *r2)
    {   for(int i=0;r1->vec[i]&&r2->vec[i]&&r1->vec[i]==r2->vec[i];i++);
        return r1->vec[i]-r2->vec[i];
    }
void main()
{   str a,b,c,d;
    str *r=&a,*r1;
    r->vec[0]='\0';
    char choice,p;
    int i,j,ch=1;
    while(ch!=0)
    {
      printf("\n");
      printf("\n\t\t 串的基本操作");
      printf("\n\t\t*****************");
      printf("\n\t\t*    1-----输入字串   *");
      printf("\n\t\t*    2-----连接字串   *");
      printf("\n\t\t*    3-----取出字串   *");
      printf("\n\t\t*    4-----删除字串     *");
      printf("\n\t\t*    5-----插入字串   *");
      printf("\n\t\t*    6-----查找字串     *");
      printf("\n\t\t*    7-----比较串大小   *");
      printf("\n\t\t*    8-----显示字串     *");
      printf("\n\t\t*    0-----返    回     *");
      printf("\n\t\t**********************");
      printf("\n\t\t 请选择菜单号(0-8):");

      scanf("%c",&choice);
      getchar();
      if(choice=='1')
      {
      printf("\n\t\t 请输入字符串:");
      gets(r->vec);
      r->len=LenStr(r);
    }
    else if(choice=='2')
    {
     printf("\n\t\t 请输入所要连接的串:");
```

```
    r1=CreateStr(&b);
    ConcatStr(r,r1);
    printf("\n\t\t 连接以后的新串值为: ");
    puts(r->vec);
}
else if(choice=='3')
{
    printf("\n\t\请输入从第几个字符开始:");
    scanf("%d",&j);
    getchar();
   SubStr(r,i,j);
}
else if(choice=='4')
{
   printf("\n\t\t 请输入从第几个字符开始:");
   scanf("%d",&i);
   getchar();
   printf("\n\t\t 请输入删除的连续字符数:");
   scanf("%d",&j);
   getchar();
   DelStr(r,i-1,j);
}
   else if(choice=='5')
{
   printf("\n\t\t 请输入从第几个字符开始:");
   scanf("%d",&i);
   getchar();
   printf("\n\t\t 请输入所要插入的字符串:");
   r1=CreateStr(&b);
   InsStr(r,r1,i-1);
}
else if(choice=='6')
{
    printf("\n\t\t 请输入所要查找的字符串:");
    r1=CreateStr(&b);
    i=IndexStr(r,r1);
    if(i=-1)
    printf("\n\t\t 第一次出现的位置是第%d个.\n",i+1);
else
    printf("\n\t\t 该子串不在其中!\n");
}
else if(choice=='7')
```

```
{
   printf("\n\t\t 请输入第一个串:");
   gets(c.vec);
   printf("\n\t\t 请输入第二个串:");
   gets(d.vec);
   int k=EqualStr(&c,&d);
if(k>0)
   printf("\n\t\t 第一个串大\n");
else if(k<0)
   printf("\n\t\t 第二个串大\n");
else
   printf("\n\t\t 两个串一样大\n");
}
else if(choice=='8')
{
   printf("\n\t\t 该串值为\n");
if(r->vec[0]=='\0')
   printf("空!\n");
else
   puts(r->vec);
}
else if(choice=='0')
   break;
else
   printf("\n\t\t 请注意:输入有误\n");
if(choice!='X'&& choice!='X')
{
   printf("\n\t\t 按回车键继续,按任意键返回主菜单.\n");
   p=getchar();
if(p!='\xA')
   {getchar();break;}
}
}
}
```

6. 运行测试

通过键盘输入建立一个字符串,测试各功能函数。

实验八　稀疏矩阵和广义表

实验目的：掌握稀疏矩阵三元组表的存储、创建、显示、转置和查找等方法；

掌握广义表的存储、新建、显示和查找等方法；

掌握稀疏矩阵三元组表和广义表的算法分析方法。

1. 问题描述

一个阶数较大的矩阵中的非零元素个数 s 相对于矩阵元素的总个数 t 非常小时，称该矩阵为稀疏矩阵。稀疏矩阵的压缩方法是只存储非零元素。由于稀疏矩阵中非零元素的分布没有任何规律，所以在存储非零元素时还必须同时存储该非零元素所对应的行下标和列下标。若把稀疏矩阵的三元组线性表按顺序存储结构存储，则称为稀疏矩阵的三元组顺序表。

广义表是线性表的推广。在广义表中，要求各原子具有相同的类型，但允许各子表具有不同的结构。广义表通常用链式存储结构进行存储，链表中的每个结点对应广义表中的一个元素。对于原子元素，sublist 和 link 都是指针域，前者是子表，后者指向下一个元素。

2. 数据结构设计

稀疏矩阵三元组表的数据类型：

```
#define SMAX 100                // 三元组非零元素的最大个数
struct SPNode                   //定义三元组
{
int i,j,v;                      //三元组非零元素的行、列和值
};
struct sparmatrix               //定义稀疏矩阵
{
int rows,cols,terms;            //稀疏矩阵行、列和非零元素的个数
SPNode data[SMAX];              //三元组表
};
```

广义表的数据类型：

```
struct linknode                 //定义广义表
{
int tag;                        //区分原子项或子表的标志位
linknode *link;                 //存放下一个元素的地址
union data_sublist
{
```

```
char data;                  //存放原子值
linknode *sublist;          //存放子表的指针
} node;
};
```

3. 功能(函数)说明

稀疏矩阵三元组表的基本操作:

```
sparmatrix CreateSparmatrix( )                    // 创建稀疏矩阵
sparmatrix Trans(sparmatrix A)                    // 转置稀疏矩阵
void ShowSparmatrix(sparmatrix A)                 //显示稀疏矩阵
void SearchSparmatrix(sparmatrix A,int s)         //查找稀疏矩阵中非零元素
void sparmatrix( )                                // 稀疏矩阵的三元组存储
```

广义表的基本操作:

```
void Disastr(char s[],char hstr[])
linknode *CreatGL(char s[])                       // 创建广义表
void Showvl(linknode *gnode)                      // 显示广义表
int Search(linknode *gnode,char x)                // 广义表中的元素
```

4. 界面设计

指导用户按照正确的格式输入数据。

5. 编码实现

```
#include<stdio.h>
#include<iomanip.h>
#include<stdlib.h>
#include<string.h>
#define SMAX 100                    //三元组非零元素的最大个数
Struct SPNode                       //定义三元组
 {
int i,j,v;                          //三元组非零元素的行,列和值
};
struct sparmatrix                   //定义稀疏距阵
{
int rows,cols,terms;                //稀疏距阵行,列和非零元素的个数
SPNode data[SMAX];                  //三元组表
};
struct linknode                     //定义广义表
{
int tag;                            //区分原子项或子表的标志性
linknode *link;                     //存放下一个元素的地址
union data_sublist
```

```
{
char data;                          //存放原子的值
linknode *sublist;                  //存放子表的指针
}node;
};

sparmatrix CreatSparmatrix()        //创建稀疏距阵
{
sparmatrix A;
printf('\n\t\t请输入稀疏矩阵的行数,列数和非零元个数(用逗号隔开):")
scanf("%d,%d,%d",&A.rows,&A.cols,&A.terms);
for(int n=0;n<=A.terms=1,n++)
{
printf("\n\t\t输入非零元值(格式:行号,列号,值):");
scanf("%d,%d,%d",&A.date[n].i,&A.data[n].j,)&A.data[n].v);
}
return A;
}

sparmatrix Trans(spamatrix A)       //显示稀疏矩阵
{
Sparmatrix B;
B.row=A.cols;B.cols=A.rows;B.terms=A.terms;
for(int n=0;n<=A.terms=1;n++)
{
B.data[n].i=A.data[n].j;
B.data[n].j=A.data[n].i;
B.data[n].v=A.dara[n].v;
}
return B;
}

void ShowSparmatrix(sparmatrix A)       //显示稀疏矩阵
{
     int k;
     printf("\n\t\t");
        for(int x=0;x<=A.rows-1;x++)
        {
     for(int y=0;y<=A.cols-1;y++)
        {
           k=0;
           for(int n=0;n<=A.terms-1;n++)
```

```
                {
                 if((A.data[n].i==x)&&(A.data[n].j==y))
                   {
                       printf("%8d",A.data[n].v);
                       k=1;
                   }
                }
            if(k==0)  printf("%8d",k);
        }
              printf("\n\t\t");
        }
 }

void SeachSparmatrix(sparmatrix A,int s)      //查找稀疏矩阵中非零元素
{
     int n,t;
     t=A.terms;
     for(n=0;n<t;n++)
     {
          if(A.data[n].v==s)
         {
           printf("\n\t\t     行   列   值\n");
          printf("\n\t\t元素位置:%%2d  %2d  %2d\n",A,data[n].i,A,data[n].j,
                 \A.data[n].v);
           n=-1;
           break;
          }
     }
       if(n!=-1)
         print("\n\t\t矩阵中无此元素!\n");
}

void sparmatrix()  //稀疏矩阵的三元组存储
{
     int ch=1,choice,s;
     struct sparmatrix A,B;
     A.terms=0;
     B.terms=0;
     while(ch)
     {
        printf("\n");
        printf("\n\t\t    稀疏矩阵的三元存储\n");
```

```
printf("\n\t\t**************************************");
printf("\n\t\t*       1---------新      建                *");
printf("\n\t\t*       2---------转      置                *");
printf("\n\t\t*       3---------查      找                *");
printf("\n\t\t*       4---------显      示                *");
printf("\n\t\t*       0---------返      回                *");
printf("\n\t\t**************************************");
printf("\n\n\t\t      请输入菜单号(0-4):");
scanf("%d",&choice);
switch(choice)
{
  case 1:
     A=CreateSpartmatrix();
     break;
  case 2:
     if(A.terms==0)
          printf("\n\t\t三元组为空!\n");
     else
        {
          B=Trans(A);
          printf("\n\t\t转置后的稀疏矩阵:\n");
          ShowSparmtrix(B);
        }
     break;
  case 3:
     if(A.terms==0)
              printf("\n\t\t三元组为空!\n");
          else
        {
          printf("\n\t\t输入要查找的非零元素:");
          scanf("%d",&s);
          SearchSparmatrix(A,s);
        }
     break;
  case 4:
      ShowSparmatrix(A);
      break;
  case 0:
     ch=0;
          break;
default:
system("cls");
```

```
        printf("\n\t\t 输入有误！请重新输入！\n");
        break;
        }
         if(choice==1||choice==2||choice==3||choice==4)
        {
         printf("\n\t\t");
          system("pause");
           system("cls");
        }
          else system("cls");
        }
}

void Disastr(char s[],char hstr[])
//广义表的元素由键盘输入,假定全部为字母,元素之间用逗号分开,
//元素的起止符号分别用左,右括号表示
{
        int i=0,j=0,k=0,r=0;
        char rstr[100];
        while(s[i]&&(s[i]!=','||k))
      { if(s[i]=='(')
          k++;
        else if(s[i]==')')
          k--;
        if(s[i]!=','||s[i]==','&&k)
          { hstr[j]=s[i];
             i++;  j++;
            }
      }
       hstr[i]='0';
         if(s[i]==',')
         i++;
         while(s[i])
           {
            rstr[r]=s[i];
             r++;  i++;
           }
           rstr[r]='\0';
         strcpy(s,rstr);
}

Linknode*CreateGL(char s[])
   //创建广义表的元素,以单向链表形式存储
```

```
{
     linknode *p,*q,*r,*gh;
     Char subs[100],hstr[100];
     int len;
     len=strlen(s);
     if(!strcmp(s,"()"))
        gh=NULL;
      else
        if(len==1)
            {
              gh=new linknode;
              gh->tag=0;
              gh->node.data=*s;
              gh->link=NULL;
            }
      else
        {
          gh=new linknode;
          gh->tag=1;
          p=gh;
          s++;
          strncpy(subs,s,len-2);
          subs[len-2]='\0';
        do
          {
            Disaster(subs,hstr);
            r=CreateGL(hstr);
            p->node.sublist=r;
            q=p;
            len=strlen(subs);
            if(len>0)
                {
                  p=new linknode;
                  p->tag=1;
                  q->link=p;
                }
          }while(len>0)
        q->link=NULL;
      }
    return gh;
    }
```

```
void Showvl(linknode *gnode)      //显示广义表
{
      linknode *p,*q;
      if(gnode)
      do
      {
            p=gnode->node.stulist;
            q=gnode->link;
            while(q&&p&&!p->tag)
            {
                printf("%c,",p->node.data);
                p=q->node.sublist;
                q=q->link;
            }
      if(p&&!p->tag)
        {
        printf("%c,",p->node.data);
        break;
        }
      else
        {
         if(!p)  printf("()");
            else  Showvl(p);
                    pf(q)
                    printf(",");
                    gnode=q;
         }
        }while(gnode);
        printf("\b)");      //输出格式中的\b表示退格
}

int Search(linknode *gnode,char x)
    //查找广义表示中的元素
{
    int find=0;
    if(gnode!=NULL)
    {
      if(!gnode->tag && gnode->node.data==x)
        return 1;
    else if(gonde->tag)
            find=Search(gonde->node.sublist,x);
      if(find)  return 1;
```

```
        else
      return Search(gnode->link,x);
    }
      else  return 0;
    }

void vastlist()
  {
    int ch=1,choice;
    char x;
    char str[SMAX ];
    linknode *vastlist=NULL;
    while(ch)
    {
        printf("\n");
        printf("\n\t\t                    广义表\");
        printf("\n\t\t****************************************");
         printf("\n\t\t*        1-----新    建                 *");
         printf("\n\t\t*        2-----查    找                 *");
         printf("\n\t\t*        3-----显    示                 *");
         printf("\n\t\t*        0-----返    回                 *");
         printf("\n\t\t****************************************");
         printf("\n\t\t\t    请输入菜单号(0-3):");
         scanf(%u",&choice);
  switch(choice)
  {
  case 1:
  printf("\n\t\t新建广义表");
  scanf("%s",&str);
  vastlist=CreateGL(str);
  break;
  case 2:
   if(vastlist==NULL)
     printf("\n\t\t广义表为空! \n");
     else
     {
       printf("\n\t\t输入要查找的广义表中的元素:");
      scanf("%s",&x);
       if(Search(vastlist,x)==1)
          printf("\n\t\t该元素在广义表中不存在! \n");
       }
     break;
```

```
    case 3:
          if(vastlist==NULL)
              printf("\n\t\t广义表为空!\n");
             else
             {
               printf("\n\t\t");
               printf("(");
               show v1(vastlist);
             }
case 0:
       ch=0;
       break;
       }
if(choice==1||choice==2|||choide==3)
{
    printf("\n\t\t");
    systrm("pause");
    system("cls");
     }
     else system("cls");
    }
   }

void main()
{
  int ch=1,choice;
  while(ch)
{
 printf("\n");
 printf("\n\t\t                 稀疏矩阵和广义表子系统\n");
 printf("\n\t\t*******************************************************");
 printf("\n\t\t*              1-----稀疏矩阵              *");
 printf("\n\t\t*              2-----广 义 表              *");
 printf("\n\t\t*              0-----退    出              *");
 printf("\n\t\t*******************************************************");
 printf("\n\n\t\t             请输入菜单号(0--2):");
 scanf("%u",&choice);
 switch(choice)
    {
    case 1:
            system("cls");
            sparmatrix();
```

```
          break;
    case 2:
          system("cls");
          vastlist();
          break;
    case 0:
          ch=0;
          break;
    default:
      system("cls");
    }
  }
}
```

6. 运行测试

输入数据,分别建立稀疏矩阵三元组表和广义表,并测试各功能函数。

实验九　二叉树实验

实验目的:理解二叉树的逻辑结构和存储结构,熟练掌握二叉树的相关操作。

1. 问题描述

二叉树(Binary Tree)是 n(n≥0)个结点的有限集合。它或为空树(n=0),或为非空树。对于非空树有:

(1) 有一个特定的称之为根的结点;

(2) 根结点以外的其余结点分别由两棵互不相交的称之为左子树和右子树的二叉树组成。

这个递归定义表明二叉树或为空,或是由一个根结点加上两棵分别称为左子树和右子树的互不相交的二叉树组成的。由于左、右子树也是二叉树,则由二叉树的定义,它们也可以为空。对二叉树所进行的操作有:建立一棵二叉树;访问(遍历)二叉树;求二叉树的深度(高度)等相关操作。

2. 数据结构设计

二叉树一般采用链表存储结构,即用一个链表来存储一棵二叉树,二叉树中每个结点用链表中的一个链结点来存储。常见的有二叉链表。

二叉链表的每个结点都有一个数据域和两个指针域,一个指针指向左子树,另一个指针指向右子树。描述为:

```
typedef struct Node2
{    ElemType data;                  //数据域
     struct Node2 *lchild;           //左指针域
     struct Node2 *rchild;           //右指针域
 } BTNode;
```

3. 功能(函数)说明

二叉树的基本操作:

```
createbitree(BTNode *&T)                //构建一棵二叉树
DispLeaf(BTNode *b)                     //输出一棵给定二叉树的所有叶子结点.
InsertLeftNode(BTNode *p,char x)        //左结点插入
InsertRightNode(BTNode *p,char x)       //右结点插入
DeleteLeftTree(BTNode *p)               //删除左子树
DeleteRightTree(BTNode *p)              //删除右子树
SearchNode(BTNode *b,char x)            //查找结点
LchildNode(BTNode *p)                   //查找左子树结点
```

```
RchildNode(BTNode *p)                  //查找右子树结点
BiTreeDepth(BTNode *b)                 //求二叉树的高度
DispBiTree(BTNode *b)                  //输出二叉树
PreOrder(BTNode *p)                    //按先序访问操作
InOrder(BTNode *p)                     // 按中序访问操作
PostOrder(BTNode *p)                   // 按后序访问操作
InTongji(BTNode *t,int &m,int &n)      //中序遍历方法统计叶结点的个数
CountLeaf(BTNode *T)                   // 返回指针 T 所指二叉树中所有叶子结点个数
Count(BTNode *T)                       //返回指针 T 所指二叉树中所有结点个数
```

4. 界面设计

指导用户按照正确的格式输入数据。

5. 编码实现

```
#include <malloc.h>
#include <stdio.h>
#include <string.h>
#include <iostream.h>
typedef  struct  Node2
{   char data;      //数据域
    struct Node2 *lchild,*rchild;  //左指针域,右指针域
}BTNode;            //二叉链结点类型

void  DispLeaf(BTNode *b)
//输出一棵给定二叉树的所有叶子结点
{
    if(b!=NULL)
       { if(b->lchild==NULL && b->rchild==NULL)
         printf("%c",b->data);
              else
           { DispLeaf(b->lchild);
             DispLeaf(b->rchild);
           }
       }
}

BTNode *InsertLeftNode(BTNode *p,char x)    //左结点插入
{
    BTNode *s,*t;
    if(p==NULL)
    return NULL;
```

```
    t=p->lchild;                    //保存原 p 所指结点的左子树指针
    s=(BTNode *)malloc(sizeof(BTNode));
    s->data=x;
    s->lchild=t;                    //新插入结点的左子树为原 p 的左子树
    s->rchild=NULL;
    p->lchild=s;                    //新结点成为 p 的左子树
    return p->lchild;               //返回新插入结点的指针
}

BTNode *InsertRightNode(BTNode *p,char x)    //右结点插入
{
    BTNode *s,*t;
    if(p==NULL)
    return NULL;
    t=p->rchild;           //保存原 p 所指结点的右子树指针
    s=(BTNode *)malloc(sizeof(BTNode));
    s->data=x;
    s->rchild=t;           //新插入结点的右子树为原 p 的右子树
    s->lchild=NULL;
    p->rchild=s;           //新结点成为 p 的右子树
    return p->rchild;      //返回新插入结点的指针
}

BTNode *DeleteLeftTree(BTNode *p)   //删除左子树
{
    BTNode *q;
    if(p==NULL || p->lchild==NULL)
    return NULL;
    q=p->lchild;
    p->lchild=NULL;
    free(q);
    return p;
}

BTNode *DeleteRightTree(BTNode *p)   //删除右子树
{
    BTNode *q;
    if(p==NULL || p->rchild==NULL)
    return NULL;
    q=p->rchild;
    p->rchild=NULL;
    free(q);
```

```
    return p;
}

BTNode *SearchNode(BTNode *b,char x)            // 查找结点
{
    BTNode *p;
    if(b==NULL)   return NULL;                  //空二叉树的查找失败出口
         else if(b->data==x)   return b;        //查找成功出口
         else
         { p=SearchNode(b->lchild,x);           //在左子树查找
        if(p!=NULL) return p;
        else  return SearchNode(b->rchild,x);//在右子树查找
         }
}

BTNode *LchildNode(BTNode *p)                   //查找左子树结点
{
    return p->lchild;
}

BTNode *RchildNode(BTNode *p)                   //查找右子树结点
{
    return p->rchild;
}

int BiTreeDepth(BTNode *b)                      //求高度
{
    int lchilddep,rchilddep;
    if(b==NULL) return(0);                      //空树的高度为 0
    else
    {
     lchilddep=BiTreeDepth(b->lchild);          //求左子树的高度为 lchilddep
     rchilddep=BiTreeDepth(b->rchild);          //求右子树的高度为 rchilddep
     return(lchilddep>rchilddep)?(lchilddep+1):(rchilddep+1);
     }
}

void DispBiTree(BTNode *b)                      //输出二叉树
{
  if(b!=NULL)
     {  printf("%c",b->data);
     if(b->lchild!=NULL || b->rchild!=NULL)
```

```
        { printf("(");
        DispBiTree(b->lchild);                        //递归处理左子树
        if(b->rchild!=NULL)
        {   printf(",");
          DispBiTree(b->rchild);                      //递归处理右子树
          }
          printf(")");
        }
    }
}

void PreOrder(BTNode *p)                              //按先序访问操作
{
    if(p!=NULL)
      {printf("%c",p->data);
       PreOrder(p->lchild);                           //按先序次序遍历左子树
      PreOrder(p->rchild);                            //按先序次序遍历右子树
      }
}

void InOrder(BTNode *p)                               //按中序访问操作
{
   if(p!=NULL)
      {InOrder(p->lchild);                            //按中序次序遍历左子树
       printf("%c",p->data);
        InOrder(p->rchild);                           //按中序次序遍历右子树
    }
}

void PostOrder(BTNode *p)                             //按后序访问操作
{
    if(p!=NULL)
      {PostOrder(p->lchild);                          //按后序次序遍历左子树
        PostOrder(p->rchild);                         //按后序次序遍历右子树
        printf("%c",p->data);
    }
}

void InTongji(BTNode *t,int &m,int &n)
//中序遍历方法统计叶结点的个数
{
     if(t!=NULL)
```

```
    {InTongji(t->lchild,m,n);                //中序遍历左子树
    printf("%c",t->data);                    //访问根结点
    m++;                                     //结点计数
    if((t->lchild==NULL)&&(t->rchild==NULL))
    n++;                                     //叶子结点计数
     InTongji(t->rchild,m,n);                //中序遍历右子树
    }
}

int CountLeaf(BTNode *T)
//返回指针 T 所指二叉树中所有叶子结点个数
{
    int m,n;
    if(!T) return 0;
    if(!T->lchild && !T->rchild) return 1;
       else {
             m=CountLeaf(T->lchild);
             n=CountLeaf(T->rchild);
             return(m+n);
            }
    }

int Count(BTNode *T)
//返回指针 T 所指二叉树中所有结点个数
{   int m,n;
     if(!T) return 0;
     if(!T->lchild && !T->rchild) return 1;
     else{
        m=Count( T->lchild);
        n=Count( T->rchild);
     return(m+n+1);
     }
}

void createbitree(BTNode *&T)                //先序产生二叉树
{    char ch;
    scanf("%c",&ch);
    if(ch==' ') T=NULL;
    else
    {
       T=(BTNode *)malloc(sizeof(BTNode));
        T->data=ch;
```

```
        createbitree(T->lchild);
        createbitree(T->rchild);
}
}

BTNode *GetTreeNode(char item,BTNode *lptr,BTNode *rptr)
//其数据域为 item,左指针域为 lptr,右指针域为 rptr
{   BTNode *T;
    T=new BTNode;
    T->data=item;
    T->lchild=lptr;
    T->rchild=rptr;
    return T;
}

BTNode *CopyTree(BTNode *T)
{   BTNode *newlptr,*newrptr,*newT;
    if(!T)    return NULL;
    if(T->lchild)
          newlptr=CopyTree(T->lchild);       //复制左子树
    else  newlptr=NULL;
    if(T->rchild)
         newrptr=CopyTree(T->rchild);        //复制右子树
    else  newrptr=NULL;
    newT=GetTreeNode(T->data,newlptr,newrptr);
    return newT;
  }    // CopyTree

void output()
{
    int i;
    for(i=0;i<10;i++)
    printf(" ");
    for(i=0;i<32;i++)
    printf("*");  printf("\n");
}

void mainpp()
{
    int i;
    output();
    for(i=0;i<10;i++)  printf(" ");printf("*     ");
```

```
    printf("1.构建一棵二叉树");
    for(i=0;i<10;i++)  printf(" ");printf("*");printf("\n");
    for(i=0;i<10;i++)  printf(" ");printf("*     ");
    printf("2.先序输出二叉树");
    for(i=0;i<10;i++)  printf(" ");printf("*");printf("\n");
    for(i=0;i<10;i++)  printf(" ");printf("*     ");
    printf("3.中序输出二叉树");
    for(i=0;i<10;i++)  printf(" ");printf("*");printf("\n");
    for(i=0;i<10;i++)  printf(" ");printf("*     ");
    printf("4.后序输出二叉树");
    for(i=0;i<10;i++)  printf(" ");printf("*");printf("\n");
    for(i=0;i<10;i++)  printf(" ");printf("*     ");
    printf("5.求二叉树的高度");
    for(i=0;i<10;i++)  printf(" ");printf("*");printf("\n");
    for(i=0;i<10;i++)  printf(" ");printf("*     ");
    printf("6.输出二叉树叶结点");
    for(i=0;i<8;i++)  printf(" ");printf("*");printf("\n");
    for(i=0;i<10;i++)  printf(" ");printf("*     ");
    printf("7.以嵌套形式输出所有结点");
    for(i=0;i<2;i++)  printf(" ");printf("*");printf("\n");
    for(i=0;i<10;i++)  printf(" ");printf("*     ");
    printf("0.退          出");
    for(i=0;i<8;i++)  printf(" ");printf("*");printf("\n");
    output();
}

void main()
{
   int m=0,n=0,k=1,t;
    BTNode *root;
    mainpp();
    t=0;
    while(k)
    {printf("请选择 0--7 :  ");scanf("%d",&m);
    getchar();
    switch(m)
    {
    case 0: return;
    case 1: printf("输入字符,构建二叉树:\n");createbitree(root);break;
    case 2: printf("先序输出二叉树各结点:  ");
              PreOrder(root);printf("\n");break;
    case 3: printf("中序输出二叉树各结点:  ");
```

```
            InOrder(root);printf("\n");break;
    case 4: printf("后序输出二叉树各结点:  ");
            PostOrder(root);printf("\n");break;
    case 5: t=BiTreeDepth(root);printf("二叉树的高度=%3d\n",t);break;
    case 6: printf("输出一棵给定二叉树的所有叶子结点:");DispLeaf(root);
            n=CountLeaf(root);printf("\n叶子结点总数:  n=%3d\n",n);break;
    case 7: printf("以嵌套形式输出所有结点:\n");
            DispBiTree(root);  printf("\n");  break;
    default :return;
    }
    printf("继续运行吗 Y(1)/N(0):  ");  scanf("%d",&k);
    if(!k) return;
    }
}
```

6. 运行测试

输入二叉树中各结点的数据,测试各功能函数。

实验十　图的存储与遍历

实验目的：

掌握图邻接矩阵与邻接表的存储方法、图的深度优先遍历与图的广度优先遍历的基本思想。

1. 问题描述

图是由若干个顶点和若干条边构成的结构，每个顶点具有任意多个前驱和后继。顶点是一些具体对象的抽象，而边是对象间关系的抽象。图是一种结构复杂的数据结构，其信息包括两部分：图中数据元素即顶点的信息，元素间的关系(顶点之间的关系)——边或者弧的信息。图的常用存储结构：邻接矩阵存储、邻接表存储、十字链表存储以及邻接多重表存储。

用一维数组存储图中顶点的信息，用二维数组存储图中边或弧的信息，该二维数组称为邻接矩阵。邻接表表示法类似于树的孩子链表表示法。它对图中的每个顶点建立一个带头结点的线性链表，用于存储图中与顶点相邻接的边或弧的信息。头结点中存放该顶点的信息。所有头结点用一个顺序表存放。

邻接表存储图很容易找到任一顶点的邻接点，但是要判定任意两个顶点之间是否有边或弧相连，则需搜索第 i 个或第 j 个链表，不及邻接矩阵方便。

2. 数据结构设计

图的数据类型：

```
typedef struct
{char vexs[GRAPHMAX];
int edges[GRAPHMAX] [GRAPHMAX];
int n,e;
}Mgraph;
typedef struct
{
int front;
int rear;
int count;
int data[QueueSize];
}cirQueue;
```

3. 功能(函数)说明

```
void CreateMGraph(Mgraph *G);
```

```
//建立一个有向图的邻接表存储的算法
void DFSTraverseM(Mgraph *G);
//从图的某一点v出发,递归地进行深度优先遍历算法
void DFSM(Mgraph *G,int i);
void BFSTraverseM(Mgraph *G);
//从图的某一点v出发,递归地进行广度优先遍历算法
void BFSM(Mgraph *G,int i);
```

4. 界面设计

指导用户按照正确的格式输入数据。

5. 编码实现

```
#include <stdio.h>
#define GRAPHMAX 10
#define FALSE 0
#define TRUE 1
#define Error printf
#define QueueSize 30
typedef struct
  {
    char vexs[GRAPHMAX];
    int edges[GRAPHMAX][ GRAPHMAX];
    int n,e;
 }Mgraph;
int visited[10];
typedef struct
  {
    int front,rear,count;
    int data[QueueSize];
   }CirQueue;

void InitQueue(CirQueue*Q)
    {
     Q->front=Q->rear=0;
     Q->count=0;
    }

int QueueEmpty(CirQueue*Q)
    {
     return Q->count=QueueSize;
    }
```

```
int QueueFull(CirQueue*Q)
    {
    return Q->count=QueueSize;
    }

void EnQueue(CirQueue*Q,int x)
{
    if(QueueFull(Q))
         error("Queue overflow");
    else
       {
         Q->Count++;
         Q->data[Q->rear]=x;
         Q->rear=(Q->rear+1)%QueueSize;
       }
}

int DeQueue(CirQueue*Q)
{
    int temp;
    if(QueueEmpty(Q))
      {
       error("Queue underflow");
       return NULL;
      }
  else
     {
     temp=Q->date[q->front];  q->count--;
     q->front=(Q->front+1)%QueueSize;
     return temp;
     }
}

void CreateMGraph(MGraph *G)
{
    int i,j,k;
    char ch1,ch2;
printf("\n\t\t 请输入定点数,边数并按回车(格式如:3,4):");
scanf("%d,%d",&(G->n),&(G->e));      //输入定点数,边数
for(i=0;i<G->n;i++)
    {
     getchar();
```

```
     printf("\n\t\t请输入第%d个定点并按回车:",i+1);
     scanf("%c",&(G-vexs[i]));   //输入顶点
    }
    for(i=0;i<G->n;i++)
       for(j=0;j<G->n;j++)
          G->edges[i][j]=0;
     for(k=0;k<G->e;k++)
       {  getchar();
         printf("\n\t\t请输入第 &d条边的顶点序号(格式如:i,j): ",k+1);
         scanf("%c,%c",&ch1,&ch2);  //输入边
         for(i=0;ch1!=G->vexs[i];i++);
         for(j=0;ch2!=G->vexs[j];j++);
         G->edges[i][j]=1;
       }
}

void DFSTraverseM(MGraph *G)   //深度优先遍历
{
    int i;
    for(i=0;i<G->n;i++)
    visited[i]=FALSE;
    for(i=0;i<G->n;i++)
    if(!visited[i])  DFSM(G,i);
}

void BFSTraverseM(MGraph *G)   //广度优先遍历
{    int i;
     for(i=0;i<G->n;i++)
     visited[i]=FALSE;
     for(i=0;i<G->n;i++)
     if(!visited[i])  BFSM(G,i);
}

void DFSM(MGraph *G,int i)
{    int j;
    printf("\n\t\t深度优先遍历序列: %c\n",G->vexs[i]);
    visited[i]=FALSE;
    for(j=0;j<G->n;j++)
     if(G->edges[i][j]==1&&!visited[j])
         DFSM(G,j)
}

void BFSM(MGraph *G,int k)
{ int i,j;
    CirQueue Q;
```

```
    InitQueue(&Q)
    printf("\n\t\t广度优先遍历序列：%c\n",G->vexs[k]);
    visited[k]=TRUE;
    EnQueue(&Q,k);
    while(! QueueEmpty(&Q)
     {  i=DeQueue(&Q);
        for(j=0;j<G->n;j++)
        if(G->edges[i][j]==1 && !visited[j])
        {  visited[j]=TRUE;
           EnQueue(&Q,j);
        }
     }
}

void main()
{
     MGraph *G,a;
     char ch1;
     int i,j,ch2;
     G=&a;
     printf("\n\t\t建立一个有向图的邻接矩阵表示\n");
     CreateMGraph(G);
     printf("已建立一个有向图的邻接矩阵存储\n");
     for(i=0;i<G->n;i++)
        {
        printf("\n\t\t");
        for(j=0;j<G->n;j++)
        printf("%5d",G->edges[i][j]);
        }
     getchar();
      ch1='y';
     while(ch1=='y'‖ch=='Y')
      {
        printf("\n");
        printf("\n\t\t                图的存储与遍历                ");
             printf("\n\t\t**********************************");
             printf(""\n\t\t*      1------更新邻接矩阵         *");
             printf(""\n\t\t*      2------深度优先遍历         *");
             printf(""\n\t\t*      3------广度优先遍历         *");
             printf(""\n\t\t*      0------退        出         *");
             printf(""\n\t\t**********************************");
             printf(""\n\t\t  请选择菜单号(0--3):");
```

```
            scanf("%d",&ch2);
            getchar();
            switch(ch2)
            {
            case 1:CreateMGraph(G);
             printf("\n\t\t图的邻接矩阵存储建立完成\n");break;
            case 2:DFSTraverseM(G);break;
            case 3:BFSTraverseM(G);break;
            case 0:ch1='n';break;
            default: printf("\n\t\t输出错误！请重新输入！")
            }
        }
}
```

6. 运行测试

设计测试用例,运行程序。

实验十一　排序算法

实验目的:掌握常用排序方法的基本思想,通过实验加深理解各种排序算法并掌握各种排序方法的时间复杂度分析。了解各种排序方法的优缺点及适用范围。

1. 问题描述

排序就是把一组无序的记录按其关键字的某种次序排列起来,使其具有一定的顺序,便于进行数据查找。排序过程中主要有两种基本操作:

(1) 比较两个关键字值的大小;

(2) 根据比较结果,移动记录的位置。

在本实验中,实现常见的 4 种排序算法:希尔、快速、堆排序、归并排序,并根据待排数据个数的不同,来对各种排序算法的执行时间进行比较,从而比较出在不同的情况下各排序算法的性能。

常用排序方法介绍:

1) 希尔排序

希尔排序是对直接插入排序的一种改进,它的基本思想是:先将整个待排序记录序列分割成若干个子序列,在子序列内分别进行直接插入排序,待整个序列基本有序时,再对全体记录进行一次直接插入排序。

2) 快速排序

快速排序是对气泡排序的一种改进,其基本思想是:首先选一个轴值(即比较的基准),将待排序记录分割成独立的两部分,左侧记录的关键码均小于或等于轴值,右侧记录的关键码均大于或等于轴值,然后分别对这两部分重复上述过程,直到整个序列有序。

3) 堆排序

堆排序是简单选择排序的一种改进,其基本思想是:首先将待排序的记录序列构造成一个堆,此时,选出了堆中所有记录的最大值即堆顶记录,然后将它从堆中移走(通常将堆顶记录和堆中最后一个记录交换),并将剩余的记录再调整成堆,这样又找出了次大的记录,依此类推,直到堆中只有一个记录。

4) 归并排序

归并排序是一种借助“归并”进行排序的方法,其基本思想是:将若干有序序列逐步归并,最终归并为一个有序序列。

2. 数据结构设计

定义记录的数据类型:

```
typedef struct
{
```

```
    int key;
    char otherinfo;
}RecType;
typedf RecType Seqlist[L+1];
```

3. 功能(函数)说明

本程序由 main. cpp，sort. h 和 operate. h 三部分组成。sort. h 头文件中实现了希尔，快速，堆排序，归并排序；operate. h 头文件中有随机产生待排数据，将数据写入文件，从文件读数据，计时，输出执行时间的函数；main. cpp 主函数调用头文件里的函数。如图1-11-1所示。

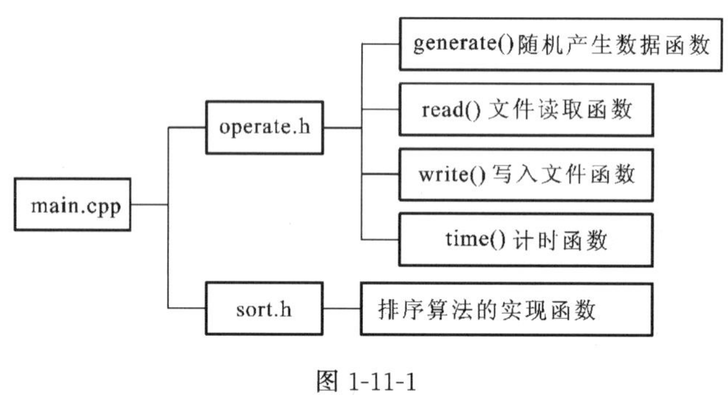

图 1-11-1

4. 界面设计

指导用户按照正确的格式输入数据。

5. 编码实现

```
    /****************main.cpp*******************/
#include <iostream>
#include <cctype>
#include <cstdlib>
#include "sort.h"
#include "operate.h"
using namespace std;

void main()
{
    cout<<"欢迎进入排序算法的实现与比较程序！"<<endl;
    cout<<endl;
    Sleep(1000);
    cout<<"说明:在这个程序中,首先会出现程序步骤,然后请按照步"<<endl;
    cout<<"骤执行程序,实现希尔 快速 堆排序 归并排序 4 种排序算"<<endl;
    cout<<"法,在程序的第一步选择待排数组的个数,多次执行程序,根"<<endl;
```

```
cout<<"据待排数据的个数的不同和各个排序算法的执行时间的不同比"<<endl;
cout<<"较各排序算法的性能!"<<endl;
cout<<endl;
cout<<"你有 5 秒钟的时间浏览说明,5 秒钟之后程序开始!"<<endl;
Sleep(5000);
cout<<endl<<"程序开始!"<<endl;Sleep(1000);
cout<<endl;

int *input_array;
int *output_array;
int sort_time[4]={0};
int flag=1;
int length;

while(flag) {
    cout<<"==========步骤=========="<<endl;
    cout<<"1====随机产生待排数据,并将待排数据存入磁盘文件"<<endl;
    cout<<"2====从磁盘文件读入待排数据"<<endl;
    cout<<"3====对待排数据进行四种排序,并记录运行时间,
                打印出四种排序算法的运行时间"<<endl;
    cout<<"4====将排序结果写入另一个文件"<<endl;
    cout<<"0====退出"<<endl;
    cout<<endl;
    cout<<"请按照步骤完成排序算法的实现与比较:";
    int stage;
    cin >>stage;
    cout<<"================================"<<endl<<endl;
    if(stage==1){
         cout<<"请从 10000 50000 100000 200000 中选出待排数据的个数"<<endl;
         cout<<endl;
         cin>>length;
         input_array=new int[length];
         output_array=new int[length];
         generate(input_array,length);
         cout<<endl<<length<<"个待排数据已经随机产生."<<endl;
         cout<<endl;
         write(input_array,length,"abc.txt");
         cout<<"待排数据已经存入名为 abc 的文本文档中了."<<endl;
         cout<<endl;
    }
    else if(stage==2){
        if(read(input_array,length,"abc.txt"))
             cout<<"磁盘文件读取完毕."<<endl;
        cout<<endl;
```

```
            }
            else if(stage==3){
                  sort_time[0]=timing(ShellSort,input_array,output_array,length);
                  sort_time[1]=timing(QuickSort,input_array,output_array,length);
                  sort_time[2]=timing(HeapSort,input_array,output_array,length);
                  sort_time[3]=timing(MergeSort,input_array,output_array,length);
                  cout<<"待排数据已经排序,各排序算法的执行时间已分别被记录."<<endl;
                  cout<<endl<<"4种排序算法的执行时间分别为:"<<endl;
                  show(sort_time,4);
                  cout<<endl;
            }
            else if(stage==4){
                  write(output_array,length,"aaa.txt");
                  cout<<"待排数据已经存入名为aaa的文本文档中了."<<endl;
                  delete input_array;
                  delete output_array;
                  cout<<endl;
                  Sleep(1000);
                  cout<<"一次程序运行结束,你可以开始新的程序!"<<endl;
                  cout<<endl;
            }
            else if(stage==0){
                  cout<<"退出程序!"<<endl;
                  flag=0;
                  break;
            }
      }
}
/**********operate.h *******/
#include<fstream>
#include<windows.h>
void generate(int *array_to_sort,const int length)
 //随机产生待排数据的函数实现
     {
      for(int i=0;i<length;i++)
         {
           array_to_sort[i]=rand();
         }
     }

bool write(int *array,int length,const char *file_name)
```

```
    //数据写入文件的函数实现
    {
     ofstream out(file_name);
     if(! out)
        {
          cerr<<"Cannot create  \""<<file_name<<"\"."<<endl;
          return false;
        }
      for(int i=0;i<length;i++)
        {
          out<<array[i]<<" "<<" ";
        }
      out.close();
      return true;
    }

bool read(int *array,int length,const char *file_name)
  //从文件读入数据的函数实现
    {
      ifstream in(file_name,ios::in);
      if(! in)
         {
          cerr<<"File \""<<file_name<<"\" not found."<<endl;
          return false;
         }
      for(int i=0;i<length;i++)
            in >>array[i];
      in.close();
      return true;
}

int timing(void(*fpt)(const int *array_to_sort,int *sorted_array,const int length),
              const int *array_to_sort,int *sorted_array,const int length)
      {
       LARGE_INTEGER iLarge;
       QueryPerformanceFrequency(&iLarge);
       double dbFreq=(double) iLarge.QuadPart;
       QueryPerformanceCounter(&iLarge);
       double dbBegin=(double) iLarge.QuadPart;
       fpt(array_to_sort,sorted_array,length);        //执行排序算法
       QueryPerformanceCounter(&iLarge);
       double dbEnd=(double)iLarge.QuadPart;
```

```
    int nms= (int)((dbEnd -dbBegin) *1000.0 / dbFreq);
    return nms;
   }

void show(int array_to_show[],const int length)
  {
   char *alg_name[4]={ "Shell Sort","Quick Sort","Heap Sort","Merge Sort"};
   for(int i=0;i<length;i++) {
        cout<<'\t'<<'\t'<<alg_name[i]<<":"<<array_to_show[i]<<" ms ";
        cout<<endl;
   }
  }
/******************sort.h******************/
#include<iostream>
using namespace std;
void shellsort(int r[],int n)              //希尔排序
  {
   inti,d,j,temp;
       for(d=n/2;d>=1;d=d/2)               //以增量为d进行直接插入排序
        {
         for(i=d+1;i<n;i++)
         {
           temp=r[i];                      //暂存被插入记录
               for(j=i-d;j>=0 && temp<r[j];j=j-d)
                         r[j+d]=r[j];      //记录后移d个位置
                         r[j+d]=temp;
         }
       }
  }

void ShellSort(const int *array_to_sort,int *sorted_array,const int length)
{
     for(int i=0;i<length;i++)
        {
          sorted_array[i]=array_to_sort[i];
        }
     shellsort(sorted_array,length-1);
}

int Partition(int r[],int first,int end)
   //快速排序一次划分
{
```

```
    int i=first;        //初始化
    int j=end;
    int temp;
    while(i<j)
      {
       while(i<j && r[i]<=r[j])
             j--;                    //右侧扫描
         if(i<j)
         {
              temp=r[i];             //将较小记录交换到前面
              r[i]=r[j];
              r[j]=temp;
                i++;
         }
       while(i<j && r[i]<=r[j])
            i++;                     //左侧扫描
            if(i<j)
            {
                temp=r[j];
                r[j]=r[i];
                r[i]=temp;           //将较大记录交换到后面
                  j--;
            }
       }
       return i;                     //i为轴值记录的最终位置
 }

void quicksort(int r[],int first,int end)     //快速排序
{
     if(first<end)
        {       //递归结束
              int pivot=Partition(r,first,end);  //一次划分
              quicksort(r,first,pivot-1);
              //递归地对左侧子序列进行快速排序
              quicksort(r,pivot+1,end);
              //递归地对右侧子序列进行快速排序
        }
}

void QuickSort(const int *array_to_sort,int *sorted_array,const int length)
  {
     for(int i=0;i<length;i++)
```

```
            sorted_array[i]=array_to_sort[i];
            quicksort(sorted_array,0,length -1);
}

void Sift(int r[],int k,int m)  //筛选法调整堆
{
     int i,j,temp;
     i=k;
     j=2*i+1;                   //置 i 为要筛的结点,j 为 i 的左孩子
    while(j<=m)                 //筛选还没有进行到叶子
      {
        if(j<m && r[j]<r[j+1])
             j++;               //比较 i 的左右孩子,j 为较大者
        if(r[i]>r[j]) break;    //根结点已经大于左右孩子中的较大者
        else
          {
              temp=r[i];
              r[i]=r[j];
              r[j]=temp;        //将根结点与结点 j 交换
              i=j;
              j=2*i+1;          //被筛结点位于原来结点 j 的位置
          }
      }
    }

void heapsort(int r[ ],int n)   //堆排序
{
    inti,temp;
   for(i=n/2;i>=0;i--)
      //初始建堆,从最后一个非终端结点至根结点
      Sift(r,i,n);
    for(i=n-1;i>0;i--)
      //重复执行移走堆顶及重建堆的操作
    {
        temp=r[i];
        r[i]=r[0];
        r[0]=temp;
       Sift(r,0,i-1);
    }
}

void HeapSort(const int *array_to_sort,int *sorted_array,const int length)
```

```
{
     for(int i=0;i<length;i++)
           sorted_array[i]=array_to_sort[i];
           heapsort(sorted_array,length -1);
}

void Merge(int r[],int r1[],int s,int m,int t) //一次归并
{
    int i=s,k=s,j=m+1;
        while(i<=m && j<=t)
      {
            if(r[i]<=r[j])
                   r1[k++]=r[i++];     //取 r[i]和 r[j]中较小者放入 r1[k]
            else
                   r1[k++]=r[j++];
      }
        if(i<=m)
              while(i<=m)
                //若第一个子序列没处理完,则进行收尾处理
               r1[k++]=r[i++];
        else
              while(j<=t)
                //若第二个子序列没处理完,则进行收尾处理
               r1[k++]=r[j++];
}

void MergePass(int r[ ],int r1[ ],int n,int h)
      //一趟归并
{
     int i=0,k;
    while(i<=n-2*h)
      //待归并记录至少有两个长度为 h 的子序列
    {
      Merge(r,r1,i,i+h-1,i+2*h-1);
         i+=2*h;
    }
    if(i<n-h)
         Merge(r,r1,i,i+h-1,n);
         //待归并序列中有一个长度小于 h
    else for(k=i;k<=n;k++)
         //待归并序列中只剩一个子序列
         r1[k]=r[k];
```

```
}

void mergesort1(int r[ ],int r1[ ],int n)
//归并排序的非递归算法
{
   int h=1;
   while(h<n)
   {
     MergePass(r,r1,n-1,h);      //归并
     h=2*h;
     MergePass(r1,r,n-1,h);
     h=2*h;
   }
}

void mergesort2(int r[],int r1[],int r2[],int s,int t)
//归并排序的递归算法
{
    int m;
       if(s==t)  r1[s]=r[s];
          else
          {
               m=(s+t)/2;
               mergesort2(r,r2,r1,s,m);          //归并排序前半个子序列
               mergesort2(r,r2,r1,m+1,t);        //归并排序后半个子序列
               Merge(r2,r1,s,m,t);               //将两个已排序的子序列归并
       }
  }

void MergeSort(const int *array_to_sort,int *sorted_array,const int length)
   {
    int sorted_array1[200000]={0};
    for(int i=0;i<length;i++)
         sorted_array[i]=array_to_sort[i];
              mergesort2(sorted_array,sorted_array,sorted_array1,0,length-1);
   }
```

6. 运行测试

运行程序,输入相关数据,测试各功能函数。

实验十二　查找算法

实验目的:通过查找实验理解查找的基本算法,熟悉各种查找方法的适用场合及平均查找长度,掌握静态查找和动态查找的区别。掌握顺序查找、二分查找和二叉排序树的基本思想及其算法。

1. 问题描述

顺序查找又称为线性查找,是一种最简单的查找方法。它是从线性表的一端开始,顺序扫描线性表,依次将扫描到的结点关键字和给定值 k 相比较,若当前扫描到的元素关键字与 k 相等,则查找成功;若扫描结束后,仍未找到关键字等于 k 的结点,则查找失败。

二分查找也称为折半查找,要求线性表中的元素必须按关键字递增或递减顺序排列。它首先要查找的关键字 k 与中间位置的元素的关键字相比较,这个中间元素把线性表分成了两个子表,若比较结果相等则查找完成;若不相等,再根据 k 与该中间元素的关键字比较的结果确定下一步查找哪个子表。这样递归进行下去,直到找到满足条件的元素或者该线性表中没有找到这样的元素。

对于二叉排序树,从根结点出发,当访问到树中某个结点时,如果该结点的关键字值等于给定的关键字值,就宣布查找成功。反之,如果该结点的关键字值大(小)于已给的关键字值,下一步就只需考虑查找右(左)子树了。换言之,每次只需查找左或右子树的一枝便够了,效率明显提高。以链表方式组织存储的,是一种动态数据结构。这种结构的插入、删除操作非常方便,无需大量移动元素。

2. 数据结构设计

二叉排序树结构:

```
typedef int KeyType;
typedef struct node
{
    KeyType key;
    Struct node *lchild,*rchild;
}BSTNode;
typedef BSTNode *BSTree;
```

3. 功能(函数)说明

二叉排序树的基本操作:

```
BSTree CreateBST(void);
        // 建立二叉树的二叉链表存储
Void SearchBST(BSTree T,KeyType Key);          // 查找结点
```

```
Void InsBST(BSTree *Tptr,KeyType Key);          // 插入结点
Void DelBSTNode(BSTree *Tptr,KeyType Key);      // 删除结点
Void SeqSearch( );                              // 顺序查找
Void BinSearch();                               // 二分查找
```

4. 界面设计

指导用户按照正确的格式输入数据。

5. 编码实现

```
#include <string.h>
#define SEARCHMAX 100
#define N 10
Void SeqSearch()
{
    int a[N],I,x,y;
    char ch;
    printf("\n\t\t建立一个整数的顺序表(以回车为间隔,以-1结束): \n");
    for(i=0;i<SEARCHMAX;i++)
    {
    Printf("\t\t");
    Scanf("%d",&a[i]);
    Getchar();
    If(a[i]==-1)
    {y=I;break;}
    }
    printf("\n\t\t需要查找请输入Y,否则输入N:");
    scanf("%c",&ch);
    while(ch=='y'||ch=='Y')
    {
    printf("\n\t\t请输入要查找的数据:");
    scanf("%d",&x);getchar();
    i=y-1;
    while(i>=0&&a[i]!=x)
    i--;
    if(i==-1)
    printf("\n\t\t抱歉!没有您要查找的数据.\n");
    else
    printf("\n\t\t您要查找的数据在第%d个位置上.\n",i+1);
    printf("\n\t\t继续查找输入Y,否则输入N:");
    scanf("%c,&ch");
    }
}
void BinSearch()
```

```
{
int R[SEARCHMAX],i,k,low,mid,high,m,nn;
char ch;
printf("\n\t\t建立递增有序的查找顺序表(以回车为间隔,以-1结束):\n");
for(i=0;i<SEARCHMAX;i++)
{
printf("\t\t");
scanf("%d",&R[i]);
getchar();
if(R[i]==-1)
{nn=I;break;}
}
print("\n\t\t查找请输入Y,退出输入N:");
scanf("%c",%ch);
getchar();
while(ch=='y'‖ch=='Y')
{
     printf("\n\t\t请输入要查找的数据:");
     scanf("%d",&k);
     getchar();
     low=0;
     high=nn-1;
m=0;
while(low<=high)
{
mind=(low+high)/2;
m++;
if(R[mid]>k)
     high=mid-1;
else
     if(R[mid]<k)
          low=mid+1;
     else
          break;
}
if(low>high)
{
     printf("\n\t\t抱歉!没有您要查找的数据.\n");
     printf("\n\t\t共进行%d次比较.\n",m);
     if(R[mid]<k)
        mid++;
     printf("\n\t\t可将此数插入到第%d个位置上.\n",mid+1);
}
else
```

```
{
     printf("\n\t\t要找的数据%d在第%d个位置上.\n",k,mid+1);
     printf("\n\t\t共进行%d次比较.\n",m);
}
printf("\n\t\t继续查找输入Y,否则输入N:");
scanf("%c",&ch);getchar( );
}
}
typedef int KeyType:
typedef struct node      //二叉树排序树结构特点
{
    KeyType key;
    Struct node *lchild,*rchild;
}BSTNode:
typedef BSTNode *BSTree;
BSTree CreateBST(void);
void SearchBST(BSTree T,KeyType key);
void InsBST(BSTree *Tptr,KeyType key);
void DelBST(BSTree *Tptr,KeyType key):
void InorderBST(BSTree T);
void BSTSearch()
{
      BSTree T;
      Char ch1,ch2;
      KeyType key;
      printf("n\t\t建立一颗二叉树的二叉链表存储 \n");
      T=CreateBST;
      ch1='y';
      getchar();
While(ch1=='y'||ch1=='Y')
{
printf("\n");
printf("\n\t\t                    二 叉 排 序 树                 ");
printf("\n\t\t**************************************************");
printf("\n\t\t*   1--------------更新二叉排序树--------------*");
printf("\n\t\t*   2--------------查 找 结 点--------------*");
printf("\n\t\t*   3--------------插 入 结 点--------------*");
printf("\n\t\t*   4--------------删 除 结 点--------------*");
printf("\n\t\t*   5--------------中序输出排序树--------------*");
printf("\n\t\t*   0--------------返         回--------------*");
printf("\n\t\t**************************************************");
printf("\n\t\t   请选择菜单号(0——5):  ");
```

```
scanf("%c",&ch2);
getchar();
switch(ch2)
{
case'1' : T=CreateBST();break;
case'2' : printf("\n\t\t 请输入要查找的数据：  ");
scanf("%d",&key);
getchar();
SearchBST(T,Key);
printf("\n\t\t 查找完毕. \n");break;
case '3' :printf("\n\t\t 请输入要插入的数据：  ");
scanf("%d",&Key);getchar();
InsBST(&T,Key);
printf("\n\t\t 删除完毕.\n");break;
case '4' :printf("\n\t\t 请输入要删除的数据：  ");
scanf("%d",&Key);getchar();
DelBSTNode(&T,Key);getchar();
printf("\n\t\t 删除完毕.\n");break;
case '5' :printf("\n\t\t");
InorderBST(T);
Printf("\n\t\t 二叉排序树输出完毕.\n");break;
case '0' : ch1='n';
Return;
defaule : printf("\n\t\t 输入错误！请重新输入.\n");
}
}
}
BSTree CreateBST(void)
{
BSTree  T;
KeyType Key;
T=NULL;
printf("\n\t\t 请输入一个整数关键字(输入 0 时结束输入)：  ");
scanf("%d",&Key);
while(Key)
{
    InBST(&T,Key);
    printf("\n\t\t 请输入下一个整数关键字(输入 0 时结束输入)：  ");
scanf("%d",&Key);
}
return T;
}
```

```
void SearchBST(BSTree T,KeyType Key)
{
BSTNode *p=T;
while(p)
{
if(p->key==Key)
{
printf("\n\t\t已经找到您输入的数据.");
return;
}
p=(Key<p->key)? p->lchild:p->rchild;
}
printf("\n\t\t没有找到您输入的数据.\n");
}
void InsBST(BSTree *T,KeyType Key);
{
BSTNode *f,*p;
p=(*T);
while(p)
{
if(p->key==Key)
{
printf("\n\t\t树种已有%d,不需插入.\n",Key);
return;
}
f=p;
p=(Key<p->key)? p->lchild:p->rchild;
}
p=new BSTNode;
p->key=Key;
p->lchild=p->rchild=NULL;
if((*T)==NULL)
(*T)=p;
else
if(Key<f->key)
f->lchild=p;
else
f->rchild=p;
}
void DelBSTNode(BSTree *T,KeyType Key)
{
BSTNode *parent=NULL,*p,*q,*child;
```

```
p=*T;
while(p)
{
if(p->key==Key) break;
parent=p;
p=(Key<p->key)? p->lchild:p->rchild;
}
if(!p)
{
printf("\n\t\t没有找到你要删除的结点");
return;
}
q=p;
if(q->lchild&&q->rchild)
for(parent=q,p=q->rchild;p->lchild;parent=p,p=p->lchild);
child=(p->lchild)? p->lchild:p->rchild;
if(!parent)  *T=child;
else
{
    if(p==parent->lchild)
       parent->lchild=child;
    else
        parent->rchild=child;
    if(p!=q)
       q->key=p->key;
  }
delete(p);
}

void InorderBST(BSTree T)
{
if(T!=NULL)
{
InorderBST(T->lchild);
printf("/t%d",T->key);
InorderBST(T->rchild);
}
}

void main()
{
int choice;
```

```
char ch;
ch='y';
while(ch=='y'||ch=='Y')
{
printf("\n");
printf("\n\t\t                    查    找    算    法                    ");
printf("\n\t\t*******************************************");
printf("\n\t\t      1--------------顺 序 查 找-------------");
printf("\n\t\t      2--------------二 分 查 找-------------");
printf("\n\t\t      3--------------二插排序树-------------");
printf("\n\t\t      0--------------返      回-------------");
printf("\n\t\t*******************************************");
printf("\n\t\t    请选择菜单号(0--3):");
scanf("%d",&choice);
switch(choice)
{
case 1:SeqSearch();break;
case 2:BinSearch();breaki;
case 3:BTsearch();break;
case 0:ch='n';break;
default: printf("\n\t\t菜单选择错误！  请重输.");
}
}
}
```

6. 运行测试

运行该程序,按提示输入数据,测试各功能函数。

第二篇　综合实验

综合实验一　一元多项式加法、减法、乘法运算的实现

实验目的

(1) 熟悉并掌握线性表的顺序存储和链式存储结构；

(2) 熟悉并掌握线性表插入、删除等基本操作；

(3) 掌握线性表的典型应用——多项式的加、减、乘运算的实现。

1. 实验内容及要求

1) 实验内容

(1) 使用顺序存储结构实现多项式加、减、乘运算。

例如：

$f(x)=8x^6+5x^5-10x^4+32x^2-x+10, g(x)=7x^5+10x^4-20x^3-10x^2+x$

求和结果：$f(x)+g(x)=8x^6+12x^5-20x^3+22x^2+10$

(2) 使用链式存储结构实现多项式加、减、乘运算。

例如：

$f(x)=100x^{100}+5x^{50}-30x^{10}+10, g(x)=150^{90}-5x^{50}+40x^{20}+20x^{10}+3x$

求和结果：$f(x)+g(x)=100x^{100}+150x^{90}+40x^{20}-10x^{10}+3x+10$

2) 实验要求

(1) 用C语言编程实现上述实验内容中的结构定义和算法。

(2) 要有 main()函数，并且在 main()函数中使用检测数据调用上述算法。

(3) 实验完成后撰写实验报告，实验报告的具体格式参见《实验报告须知》。

(4) 实验完成后把打印好的实验报告以及电子版的实验报告和源程序一并上交。

(5) 用 switch 语句设计如下选择式菜单。

```
********数据结构综合性实验********
***一、多项式的加法、减法、乘法运算** *
*----      1.多项式创建              *
*----      2.多项式相加              *
*----      3.多项式相减              *
*----      4.多项式相乘              *
*----      5.清空多项式              *
*----      0.退出系统                *
*----      请选择(0-5)               *
**********************************
*请选择(0-5)：
```

2. 数据结构设计

根据下面给出的存储结构定义：

```
#define MAXSIZE 20              //定义线性表最大容量
                                //定义多项式项数据类型
typedef struct
{
    float coef;                 //系数
    int expn;                   //指数
} term,elemType;

typedef struct
{
    term terms[MAXSIZE];        //线性表中数组元素
    int last;                   //指向线性表中最后一个元素位置
} SeqList;
typedef SeqList polynomial;
```

3. 基本操作函数说明

```
polynomial* Init_Polynomial();
    //初始化空的多项式
int PloynStatus(polynomial*p);
    //判断多项式的状态
int Location_Element(polynomial*p,term x);
    //在多项式 p 中查找与 x 项指数相同的项是否存在
bool Insert_ElementByOrder(polynomial*p,term x);
    //在多项式 p 中插入一个指数项 x
int CreatePolyn(polynomial*p,int m)
    //输入 m 项系数和指数,建立表示一元多项式的有序表 p
char compare(term term1,term term2);
    //比较指数项 term1 和指数项 term2
polynomial* addPloyn(polynomial*p1,polynomial*p2)
    //将多项式 p1 和多项式 p2 相加,生成一个新的多项式
polynomial* subStractPloyn(polynomial*p1,polynomial*p2)
    //多项式 p1 和多项式 p2 相减,生成一个新的多项式
polynomial* mulitPloyn(polynomial*p1,polynomial*p2)
    //多项式 p1 和多项式 p2 相乘,生成一个新的多项式
void printPloyn(polynomial*p)
    //输出在顺序储存结构的多项式 p
```

4. 参考源代码

```
#include<stdlib.h>
#include<stdio.h>
#include<iostream.h>
#define NULL 0
#define MAXSIZE 20      //定义线性表最大容量
//定义多项式项数据类型
typedef struct
{
     float coef;     //系数
     int expn;       //指数
} term,elemType;

typedef struct
{
     term terms[MAXSIZE];          //线性表中数组元素
     int last;
} SeqList;

typedef SeqList polynomial;        //用顺序表表示多项式
void printPloyn(polynomial*p);     //输出多项式

int PloynStatus(polynomial*p)      //判断多项式的状态
{
     if(p==NULL)
     {
      return -1;                   //当前多项式不存在
     }
     else if(p->last==-1)
     {
       return 0;                   //当前多项式为空
     }
     else
     {
          return 1;
     }
}

polynomial*Init_Polynomial()
//初始化顺序储存结构存储的多项式,返回顺序表表示的多项式的首地址
```

```
{
    polynomial* P;
    P=new polynomial;                    //分配存储空间
    if(P!=NULL)                          //成功
    {
        P->last=-1;
        return P;
    }
    else
    {
        return NULL;
    }
}

void Reset_Polynomial(polynomial* p)  //清空多项式
{
    if(PloynStatus(p)==1)
    {
        p->last=-1;
    }
}

int Location_Element(polynomial* p,term x)
//在多项式 p 中查找与 x 项指数相同的项是否存在,存在返回 1,否则返回 0
{
    int i=0;
    if(PloynStatus(p)==-1)
        return 0;

    while(i<=p->last && p->terms[i].expn!=x.expn)
    {
        i++;
    }
    if(i>p->last)       //对应指数项不存在
    {
        return 0;
    }
    else                //对应指数项存在
    {
        return 1;
    }
}
```

```
int Insert_ElementByOrder(polynomial*p,term x)
//在多项式p中插入一个指数项x,使多项式按指数降序排列
{
    int j;
    if(PloynStatus(p)==-1)
        return 0;
    if(p->last==MAXSIZE-1)     //已经满
    {
        cout<<"The polym is full!"<<endl;
        return 0;
    }
    j=p->last;
while(p->terms[j].expn<x.expn && j>=0)
{       //从最后一个元素开始到第i个元素全部后移1个位置
        p->terms[j+1]=p->terms[j];
        j--;
    }
    p->terms[j+1]=x;            //插入新项
    p->last++;                  //多项式项数加1
    return 1;
}

int CreatePolyn(polynomial*P,int m)
//输入m项系数和指数,建立一元多项式的有序表P,成功返回1,否则返回0
{
    float coef;
    int expn;
    term x;
    if(PloynStatus(P)==-1)      //多项式不存在
        return 0;
        if(m>MAXSIZE)
    {
        printf("顺序表溢出\n");
        return 0;               //创建失败;
    }
    else
    {
        printf("请依次输入%d对系数和指数...\n",m);
        for(int i=0;i<m;i++) //依次输入m个非零项
        {
            scanf("%f%d",&coef,&expn);
```

```
                x.coef=coef;
                x.expn=expn;
                if(!Location_Element(P,x))
                {
                    Insert_ElementByOrder(P,x);
                }
            }
        }
        return 1;
}

char compare(term term1,term term2)
//比较指数项 term2 和 erm2 的指数间的关系,若 term1 指数项大于 term2 的指数,返回">"
//若 term1 指数项小于 term2 的指数,返回">",若 term1 指数项等于 term2 的指数,返回"="
{
    if(term1.expn>term2.expn)          //大于
    {
        return '>';
    }
    else if(term1.expn<term2.expn)     //小于
    {
        return '<';
    }
    else                               //等于
    {
        return '=';
    }
}

polynomial* addPloyn(polynomial*p1,polynomial*p2)
//在顺序储存结构的多项式 p1 和多项式 p2 相加,生成一个新的多项式
{
    int i,j,k;
    i=0;
    j=0;
    k=0;
    if((PloynStatus(p1)==-1) || (PloynStatus(p2)==-1))
    {           //多项式有一个不存在
        return NULL;
    }
    polynomial*p3=Init_Polynomial();  //初始化求和多项式 p3
    while(i<=p1->last && j<=p2->last)
```

```
    {
        switch(compare(p1->terms[i],p2->terms[j]))
{       //比较 p1 和 p2 当前项的指数关系
          case '>':
              p3->terms[k++]=p1->terms[i++];
              p3->last++;
              break;
          case '<':
              p3->terms[k++]=p2->terms[j++];
              p3->last++;
              break;
          case '=' :
              if(p1->terms[i].coef+p2->terms[j].coef!=0)
              {
                  p3->terms[k].coef=p1->terms[i].coef+p2->terms[j].coef;
                  p3->terms[k].expn=p1->terms[i].expn;
                  k++;
                  p3->last++;
              }
              i++;
              j++;
          }
    }
    while(i<=p1->last)
    {     //添加 p1 中的剩余项
        p3->terms[k++]=p1->terms[i++];
        p3->last++;
    }
    while(j<=p2->last)
    {     //添加 p1 中的剩余项
        p3->terms[k++]=p2->terms[j++];
        p3->last++;
    }
    return p3;
}

polynomial* subStractPloyn(polynomial*p1,polynomial*p2)
 //多项式 p1 和多项式 p2 相减,生成一个新的多项式
{
    int i;
    i=0;
    if((PloynStatus(p1)!=1) ||(PloynStatus(p2)!=1))
```

```
    {       //多项式有一个不存在
        return NULL;
    }
    polynomial*p3=Init_Polynomial();  //初始化求和多项式
    p3->last=p2->last;
    for(i=0;i<=p2->last;i++)          //求多项式 p2 的相反式
    {
        p3->terms[i].coef=-p2->terms[i].coef;
        p3->terms[i].expn=p2->terms[i].expn;
    }
    p3=addPloyn(p1,p3);               //调用求和式实现减法
    return p3;
}

polynomial* mulitPloyn(polynomial*p1,polynomial*p2)
//多项式 p1 和多项式 p2 相乘,生成一个新的多项式
{
    int i;
    int j;
    int k;
    i=0;
    if((PloynStatus(p1)!=1) || (PloynStatus(p2)!=1))
    {         //多项式有一个不存在
        return NULL;
    }
    polynomial*p3=Init_Polynomial();                  //初始化求和多项式
    polynomial**p=new polynomial*[p2->last+1];  //生成 n 个空多项式
    for(i=0;i<=p2->last;i++)
    {
        for(k=0;k<=p2->last;k++)
        {
            p[k]=Init_Polynomial();
            p[k]->last=p1->last;
            for(j=0;j<=p1->last;j++)
            {
                p[k]->terms[j].coef=p1->terms[j].coef*p2->terms[k].coef;
                p[k]->terms[j].expn=p1->terms[j].expn+p2->terms[k].expn;
            }
            p3=addPloyn(p3,p[k]);     //调用相加实现乘法运算
        }
    }
    return p3;
}
```

```
void printPloyn(polynomial*p)      //输出在顺序储存结构的多项式 p
{
    int i;
    for(i=0;i<=p->last;i++)
    {
        if(p->terms[i].coef>0 && i>0)
            cout<<"+"<<p->terms[i].coef;
        else
            cout<<p->terms[i].coef;
        cout<<"x^"<<p->terms[i].expn;
    }
    cout<<endl;
}

void menu()     //生成选择菜单
{
    cout<<"\t\t*******数据结构综合性实验*******"<<endl;
    cout<<"\t\t***一、多项式的加法、减法、乘法运算***"<<endl;
    cout<<"\t\t*----    1.多项式创建          *"<<endl;
    cout<<"\t\t*----    2.多项式相加          *"<<endl;
    cout<<"\t\t*----    3.多项式相减          *"<<endl;
    cout<<"\t\t*----    4.多项式相乘          *"<<endl;
    cout<<"\t\t*----    5.清空多项式          *"<<endl;
    cout<<"\t\t*----    0.退出系统            *"<<endl;
    cout<<"\t\t*----    请选择(0-5)           *"<<endl;
    cout<<"\t\t*****************************"<<endl;
}

void main()    //主函数
{
    int sel;
    polynomial*p1=NULL;
    polynomial*p2=NULL;
    polynomial*p3=NULL;
    while(1)
    {
        menu();
        cout<<"\t\t*请选择(0-5):";
        cin>>sel;
        switch(sel)
        {
        case 1:
```

```
                p1=Init_Polynomial();
                p2=Init_Polynomial();
                int m;
                printf("请输入第一个多项式的项数:\n");
                scanf("%d",&m);
                CreatePolyn(p1,m);
                printf("第一个多项式的表达式为 p1=");
                printPloyn(p1);
                printf("请输入第二个多项式的项数:\n");
                scanf("%d",&m);
                CreatePolyn(p2,m);
                printf("第二个多项式的表达式为 p2=");
                printPloyn(p2);
                break;
            case 2:
                printf("p1+p2=");
                if((p3=addPloyn(p1,p2))!=NULL)
                    printPloyn(p3);
                break;
            case 3:
                printf("\np1-p2=");
                if((p3=subStractPloyn(p1,p2))!=NULL)
                    printPloyn(p3);
                break;
            case 4:
                printf("\np1*p2=");
                if((p3=mulitPloyn(p1,p2))!=NULL)
                    printPloyn(p3);
            case 5:
                Reset_Polynomial(p1);
                Reset_Polynomial(p2);
                Reset_Polynomial(p3);
                break;
            case 0:
                return;
            }
        }
        return;
}
```

综合实验二　迷宫问题实现

实验目的

(1) 熟练栈的结构特性,掌握在实际问题背景下的应用;

(2) 熟悉并掌握栈的基本操作;

(3) 掌握栈的典型应用——迷宫问题的实现。

1. 实验内容及要求

1) 实验内容

以一个 m * n 的长方阵表示迷宫,0 和 1 分别表示迷宫中的通路和障碍。设计一个程序,对任意设定的迷宫,求出一条从入口到出口的通路,或得出没有通路的结论。

2) 实验要求

(1) 用 C 语言编程实现上述实验内容中的结构定义和算法;

(2) 要有 main()函数,并且在 main()函数中使用检测数据调用上述算法;

(3) 实验完成后撰写实验报告,实验报告的具体格式参见《实验报告须知》,见“精品课程”网页;

(4) 实验完成后把打印好的实验报告以及电子版的实验报告和源程序一并上交。

2. 数据结构设计

根据以上问题给出存储结构定义:

```
typedef struct   //定义坐标
{
     int x;
     int y;
} item;
   //定义坐标和方向
typedef struct
{
     int x;
     int y;
     int d;
} dataType;
   //定义顺序栈的类型定义
typedef struct
{
     dataType data[MAXLEN];
```

```
    int top;
}SeqStack;
item move[8];      //8 邻域试探方向数组
int maze[M+2][N+2]={
    {1,1,1,1,1,1,1,1,1,1},
    {1,0,1,1,1,0,1,1,1,1},
    {1,1,0,1,0,1,1,1,1,1},
    {1,0,1,0,0,0,0,0,1,1},
    {1,0,1,1,1,0,1,1,1,1},
    {1,1,0,0,1,1,0,0,0,1},
    {1,0,1,1,0,0,1,1,0,1},
    {1,1,1,1,1,1,1,1,1,1}
};  //定义迷宫数组,0 表示有路径,1 表示不存在路径
```

3. 基本操作函数说明

```
void print_Path(SeqStack* s);      //输出迷宫路线
SeqStack* InitSeqStack();
//该函数初始化一个空栈,并返回指向该栈的存储单元首地址
int Push(SeqStack* s,dataType x)
//将元素 x 入栈 s,若入栈成功返回结果 1;否则返回 0
int StackEmpty(SeqStack* s)
//该函数判断栈是否为空,若栈空返回结果 1;否则返回 0
int Pop(SeqStack* s,dataType* x)
//将栈顶元素出栈,放入 x 所指向的存储单元中,若出栈返回结果 1;否则返回 0
void init_move(item move[8])
//初始化 8 邻域方向
int find_Path(int maze[M+2][N+2],item move[8])
//在迷宫 maze 二维数组中按 move 的 8 邻域方向探测迷宫路线,存在返回 1,否则返回 0
void print_Path(SeqStack* s)
//输出栈 s 中所有迷宫路径
```

4. 参考源代码

```
#include <stdio.h>
#include <stdlib.h>.
#define M 6      //定义迷宫行数
#define N 8      //定义迷宫列数
#define MAXLEN 100  //定义顺序栈最大容量
typedef struct   //定义坐标
{    int x;
     int y;} item;    //定义坐标和方向
typedef struct
```

```
{
    int x;
    int y;
    int d;
} dataType;             //定义顺序栈的类型定义
typedef struct
{
    dataType data[MAXLEN];
    int top;
}SeqStack;
item move[8];          //8 邻域试探方向数组
int maze[M+2][N+2]={
    {1,1,1,1,1,1,1,1,1,1,1},
    {1,0,1,1,1,0,1,1,1,1,1},
    {1,1,0,1,0,1,1,1,1,1,1},
    {1,0,1,0,0,0,0,0,1,1,1},
    {1,0,1,1,1,0,1,1,1,1,1},
    {1,1,0,0,1,1,0,0,0,1,1},
    {1,0,1,1,0,0,1,1,0,1,1},
    {1,1,1,1,1,1,1,1,1,1,1}
};  //定义迷宫数组
void print_Path(SeqStack* s);  //输出迷宫路线
SeqStack* InitSeqStack()
//该函数初始化一个空栈,并返回指向该栈的存储单元首地址
{
    SeqStack* s;
    s=new SeqStack;  //分配栈空间
    s->top=-1;       //置空栈
    return s;
}

int Push(SeqStack* s,dataType x)
//将元素 x 入栈 s,若入栈成功返回结果 1;否则返回 0
{
    if(s->top==MAXLEN-1)  //栈满
            return 0;
        else
    {                          //入栈操作
        s->top++;
        s->data[s->top]=x;
        return 1;
    }
```

```
}

int StackEmpty(SeqStack* s)
  //该函数判断栈是否为空,若栈空返回结果 1;否则返回 0
{
     if(s->top==-1)          //栈为空
     return 1;
        else
     return 0;
  }

int Pop(SeqStack* s,dataType* x)
//将栈顶元素出栈,放入 x 所指向的存储单元中,若出栈返回结果 1;否则返回 0
{
     if(StackEmpty(s))     //栈空
               return 0;
           else     //出栈
     {
           *x=s->data[s->top];
           s->top--;
           return 1;
     }
}

void init_move(item move[8])
//初始化 8 邻域方向
{
     move[0].x=0;
     move[0].y=1;
     move[1].x=1;
     move[1].y=1;
     move[2].x=1;
     move[2].y=0;
     move[3].x=1;
     move[3].y=-1;
     move[4].x=0;
     move[4].y=-1;
     move[5].x=-1;
     move[5].y=-1;
     move[6].x=-1;
     move[6].y=0;
     move[7].x=-1;
```

```
    move[7].y=1;
}

void printS(dataType temp)
{
    int static i=0;
    printf("第%d次入栈元素为:",++i);
    printf("(%d,%d)%d\n",temp.x,temp.y,temp.d);
}

int find_Path(int maze[M+2][N+2],item move[8])
//在迷宫maze二维数组中按move的8邻域方向探测迷宫路线,存在返回1,否则返回0
{
    SeqStack* s=InitSeqStack();     //初始化栈
    dataType temp;
    int x,y,d,i,j;
    temp.x=1;
    temp.y=1;
    temp.d=-1;                      //初始化入口点坐标和方向
    Push(s,temp);
       while(!StackEmpty(s))
       {
           Pop(s,&temp);            //当前位置和方向入栈
           x=temp.x;
           y=temp.y;
           d=temp.d+1;
           while(d<8)               //沿8个方向试探是否有路可通过
           {
               i=x+move[d].x;
               j=y+move[d].y;
               if(maze[i][j]==0)  //当前位置可以到达
               {
                   temp.x=x;
                   temp.y=y;
                   temp.d=d;
                   Push(s,temp);   //坐标和方向入栈
                   printS(temp);
                   x=i;
                   y=j;
                   maze[x][y]=-1; //该位置已经达到
                   if(x==M && y==N)     //已经到达出口
                   {
```

```
                    print_Path(s); //按栈反向输出迷宫路线
                    return 1;
                }
                else
                  d=0;  //重新初始化探测方向
                 }
            else
                d++;    //探测下一个方向
            }
        }
        return 0;
}

void print_Path(SeqStack* s)
//输出栈 s 中所有迷宫路径
{
    printf("迷宫路径为:\n");
    for(int i=0;i<s->top;i++)
    {
        printf("(%d,%d)%d->",s->data[i].x,s->data[i].y,s->data[i].d);
    }
    printf("(%d,%d)%d\n",s->data[i].x,s->data[i].y,s->data[i].d);
}

void main()  //主函数
{
   init_move(move);               //初始化迷宫探测方向数组
   if(!find_Path(maze,move))  //求迷宫路径
   printf("迷宫路径不存在");
  }
```

5. 运行测试

第 1 次入栈元素为:(1,1)1
第 2 次入栈元素为:(2,2)1
第 3 次入栈元素为:(3,3)0
第 4 次入栈元素为:(3,4)0
第 5 次入栈元素为:(3,5)0
第 6 次入栈元素为:(3,6)0
第 7 次入栈元素为:(3,6)3
第 8 次入栈元素为:(4,5)1
第 9 次入栈元素为:(5,6)0

```
第 10 次入栈元素为:(5,7)0
第 11 次入栈元素为:(5,8)2
迷宫路径为:
(1,1)1->(2,2)1->(3,3)0->(3,4)0->(3,5)0->(3,6)3->(4,5)1->(5,6)0->(5,7)0->(5,8)2
Press any key to continue
```

综合实验三　Josephus 环问题

实验目的:进一步理解线性表的逻辑结构和存储结构,进一步提高使用理论知识解决实际问题的能力。

1. 问题描述

设编号为 1,2,…,n 的 n 个人围坐一圈,约定编号为 s(1≤s≤n)的人从 1 开始报数,数到 m 的那个人出列,它的下一位又从 1 开始报数,数到 m 的那个人又出列,依此类推,直到所有的人出列为止,由此产生一个出队编号的序列。

2. 数据结构设计

由于当某个人退出圆圈后,报数的工作要从下一个人开始,剩下的人仍然是围成一个圆圈的,可以使用循环表。由于退出圆圈的工作对应着表中的删除操作,对于这种删除操作频繁的情况,应该选用效率较高的链表结构。为了程序指针每一次都指向一个具体的代表一个人的结点而不需要进行判断,链表不设头结点。所以,对于所有人围成的圆圈,所对应的数据结构采用一个不带表头结点的循环链表来描述。设头指针为 p,并根据具体情况移动。

可采用数据类型定义:

```
typedef struct Lnode {
int data;
struct Lnode *next;
}joseph;
```

3. 功能(函数)设计

1) 建立循环链表函数

```
void CreateList(joseph* &L,int n)
{
int i;
joseph *p,*s;
s= ( joseph*) malloc( sizeof( joseph));
s->data=1;
L=p=s;
for( i=2;i<=n;i++)
{
s= (joseph*) malloc( sizeof( joseph));
s->data=i;
```

```
p->next=s;
p=s;
}
p->next=L;
}
```

2) 产生 Josephus 顺序并输出函数

```
void josephus(joseph* &L,int s,int m)
{
    joseph*p,*q;
    int i;
    p=L;
    for(i=1;i<=s-1;i++)      //定位报数的起始位置,将 p 指针指向该结点
     p=p->next;
    q=p->next;
    while(q->next!=p)
    q=q->next;      //保证 q 所指的结点是 p 所指结点的前驱,以方便删除 p 所指的结点
    while(p->next!=p)
    {      //控制整个循环链表报数的进行
    for(int j=1;j<m;j++)
    {
    q=p;p=p->next;
    }
    printf("%d,",p->data);      //输出报数到 m 的结点
    DeleteList( L,p,q);
    p=q->next;
    }
    printf("%d",p->data);      //输出最后一个结点
    printf("\n");
}
```

4. 界面设计

注意提示用户每一步操作输入的格式和限制。指导用户按照正确的格式输入数据。

5. 编码实现

```
#include <stdio.h>
#include <malloc.h>
#define NULL 0
#include <iostream.h>
typedef struct Lnode {
int data;
struct Lnode *next;
```

```
}joseph;
void CreateList(joseph* &L,int n)  //建立循环链表
void  DeleteList( joseph* &L,joseph*p,joseph*q)
  //删除 p 指针所指的元素
{
   q->next=p->next;
free(p);
};
void josephus(joseph* &L,int s,int m)

void main()
{
   joseph* L=NULL;
   int m,n,s;
   printf("请输入人数、报数的开始位置,报数的上限: \n");
   scanf("%d%d%d",&n,&s,&m);
   if((m>1000)||(n>1000))
   printf("输入的人数 m,n 不合法\n");
   else
   if(s>n)  printf("人数和报数的开始位置不合法 !\n");
   else
   {
   CreateList( L,n );
   printf("\n");
   josephus( L,s,m );
   }
}
```

6. 运行测试

(1) 当 m 的初值为 5,n 的值为 13,从第一个人开始报数的输出情况。

(2) 程序容错性测试,当输入 k 的值不符合问题约定时应有错误提示给用户,指导用户正确输入,并作出相应的处理,保证程序正常运行。

综合实验四　哈夫曼码编、译码器的实现

实验目的：

(1) 熟练哈夫曼树的定义，掌握构造哈夫曼树的方法。

(2) 掌握哈夫曼编码和译码方法。

(3) 掌握文本文件的读写方法。

1. 实验内容

1) 实验内容

利用哈夫曼编码进行通信可以大大提高信道利用率，缩短信息传输时间，降低传输成本。但是，这要求在发送端通过一个编码系统对待传数据预先编码，在接收端将传来的数据进行译码。对于双工信道(即可以双向传输信息的信道)，每端都需要一个完整的编码、译码系统。试为这样的信息收发站写一个哈夫曼码的编码、译码系统。一个完整的系统应有以下功能：

(1) 从终端读入字符集大小 n，以及 n 个字符和 n 个权值，建立哈夫曼树，并将它存放在文件 hfmTree 中。

(2) 利用已建立好的哈夫曼树(如不在内存，则从文件 hfmTree 中读入)，对文件 ToBeTran 中的正文进行编码，然后将结果代码存(传输)到文件 CodeFile 中。

(3) 译码(Decoding)。利用已建好的哈夫曼树，对传输到达的 CodeFile 中的数据代码进行译码，将译码结果存入文件 TextFile。

(4) 将文件 CodeFile 以紧凑格式显示在终端上，每行 50 个代码。同时将此字符形式的编码文件写入文件 CodePrin 中。

(5) 打印哈夫曼树(TreePrinting)。将已在内存中的哈夫曼树以直观的方式(或凹入表的形式)显示在终端上，同时将此字符形式的哈夫曼树写入文件 TreePrint 中。

2) 实验要求

(1) 用 C 语言编程实现上述实验内容中的结构定义和算法。

(2) 要有 main()函数，并且在 main()函数中使用检测数据调用上述算法。

(3) 实验完成后撰写实验报告，实验报告的具体格式参见《实验报告须知》。

(4) 实验完成后把打印好的实验报告以及电子版的实验报告和源程序一并上交。

2. 数据结构设计

根据下面给出的存储结构定义：

```
typedef struct              // 定义哈夫曼树中每个结点结构体类型
{
    char ch;                //结点字符信息
```

```
    int weight;         // 定义一个整型权值变量
    int lchild;         // 定义左、右孩子及双亲指针
    int rchild;
    int parent;
} HTNode;
typedef HTNode HFMT[MAXLEN];    //用户自定义 HFMT 数组类型
typedef char**HfCode;     //动态分配字符数组存储哈夫曼编码表
```

3. 基本操作函数说明

```
void InitHFMT(HFMT T);  //初始化哈夫曼树
void InputWeight(HFMT T,char *weightFile);  // 输入权值
void SelectMin(HFMT T,int i,int*p1,int*p2);
//选择所有结点中较小的结点
void CreatHFMT(HFMT T);  // 构造哈夫曼树,T[2*n-1]为其根结点
void PrintHFMT(HFMT T);  // 输出向量状态表
void printHfCode(HfCode hc);  //输出字符的哈夫曼编码序列
HfCode hfEnCoding(HFMT T);  //利用构成的哈夫曼树生成字符的编码
void print_HuffmanTree(HFMT HT,int t,int i)  //按树形形态输出哈夫曼树的形态
void Encoder(char *original,char *codeFile,HfCode hc,HFMT HT);
//利用已建好的哈夫曼树,对 original 文件中要传输的原始数据进行编码,
//将编码结果存入文件 codeFile 中
void Decoder(char *codeFile,char *textFile,HFMT  HT);
//利用已建好的哈夫曼树,对传输到达的 codeFile 中的数据代码进行译码,
//将译码结果存入文件 textFile 中
```

4. 参考源代码

```
#include <string.h>
#include <stdlib.h>
#include <stdio.h>
#include <iostream.h>
#define MAXLEN 100
typedef struct              //定义哈夫曼树中每个结点结构体类型
{
    char ch;                //结点字符信息
    int weight;             //定义一个整型权值变量
    int lchild;             //定义左、右孩子及双亲指针
    int rchild;
    int parent;
} HTNode;

typedef HTNode HFMT[MAXLEN];
```

```
//用户自定义 HFMT 数组类型
typedef char **HfCode;     //动态分配字符数组存储哈夫曼编码表
int n;
void InitHFMT( HFMT T)     //初始化哈夫曼树
{
    int i;
    printf("\n\t\t 请输入共有多少个权值(小于 100):");
    scanf("%d",&n);
    getchar();
    for(i=0;i<2*n-1;i++)
    {
        T[i].weight=0;
        T[i].lchild=-1;
        T[i].rchild=-1;
        T[i].parent=-1;
    }
}

void InputWeight(HFMT T,char *weightFile)     // 输入权值
{
    int w;
    int i;
    int n;
    char ch;
    FILE* fp;
    if((fp=fopen(weightFile,"r"))!=NULL)
    {
        fscanf(fp,"%d\n",&n);
        for(i=0;i<n;i++)
        {
            ch=fgetc(fp);
            fscanf(fp,"%d\n",&w);
            T[i].ch=ch;
            T[i].weight=w;
        }
    }
    fclose(fp);
}

void SelectMin(HFMT T,int i,int*p1,int*p2)
//选择所有结点中两个结点较小的结点
{
```

```
        long min1=999999;
        long min2=999999;
        // 预设两个值,并使它大于可能出现的最大权值
        int j;
        for(j=0;j<=i;j++)
        {
            if(T[j].parent==-1)
            {
                if(min1>T[j].weight)
                {
                    min1=T[j].weight;     // 找出最小的权值
                    *p1=j;                // 通过*p1带回序号
                }
            }
        }
        for(j=0;j<=i;j++)
        {
            if(T[j].parent==-1)
            {
                if(min2>T[j].weight && j!=(*p1))
                {
                    min2=T[j].weight;     // 找出次最小的权值
                    *p2=j;
                }                         // 通过*p2带回序号
            }
        }
    }

    void CreatHFMT(HFMT T)
    //构造哈夫曼树,T[2*n-1]为其根结点
    {
        int i,p1,p2;
        InitHFMT(T);
        InputWeight(T,"weight.txt");
        for(i=n;i<2*n-1;i++)
        {
            SelectMin(T,i-1,&p1,&p2);
            T[p1].parent=T[p2].parent=i;
                    //T[i].lchild=T[p1].weight;
                      //T[i].rchild=T[p2].weight;
            T[i].lchild=p1;
            T[i].rchild=p2;
```

```
            T[i].weight=T[p1].weight+T[p2].weight;
        }
}

void PrintHFMT(HFMT T)     //输出向量状态表
{
        int i,k=0;
        for(i=0;i<2*n-1;i++)
            while(T[i].lchild!=-1)
            {
                if(!(k%2))
                {
                    printf("\n");
                }
                printf("\t\t(%d%d),(%d%d)",T[i].weight,T[i].lchild,T[i].
                      weight,T[i].rchild);
                 k++;
                 break;
            }
        }
void printHfCode(HfCode hc)
//输出字符的哈夫曼编码序列
{
        for(int i=0;i<n;i++)
        {
            printf("%s",hc[i]);
        }
}

HfCode hfEnCoding(HFMT T)
//利用构成的哈夫曼树生成字符的编码
{
        int start;
        HfCode hc=new char*[(n+1)*sizeof(char*)];     //分配 n 个字符编码
        char* cd=new char[n*sizeof(char)];     //分配求编码的工作空间
        cd[n-1]='\0';     //编码结束符
        int c;
        int f;
        for(int i=0;i<n;i++)
        {
            start=n-1;
```

```
        for(c=i,f=T[i].parent;f!=-1;c=f,f=T[f].parent)
    //从叶子结点到根逆向求编码
        {
            if(T[f].lchild==c)
            {
                cd[--start]='0';
            }
            else
            {
                cd[--start]='1';
            }
        }
        hc[i]=new char[(n-start)*sizeof(char)]; //为第 i 个编码分配空间
        strcpy(hc[i],&cd[start]);
        printf("\n%c:%s",T[i].ch,hc[i]);
    }
    return hc;
}

void print_HuffmanTree(HFMT HT,int t,int i)
//按树形形态输出哈夫曼树的形态
{
  if(HT[t].rchild!=-1)    //先打印出右子树
    {
        print_HuffmanTree(HT,HT[t].rchild,i+1);
    }
    for(int j=1;j<=3*i;j++)    //打印空格表示结点所在的层次
    {
        printf(" ");
    }
    //再输出根结点
    if(HT[t].lchild!=-1 || HT[t].rchild!=-1)
    {
        printf("%d\n",HT[t].weight);
    }
    else
    {
        printf("%c(%d)\n",HT[t].ch,HT[t].weight);
    }
       if(HT[t].lchild!=-1) //最后输出左子树
    {
```

```
            print_HuffmanTree(HT,HT[t].lchild,i+1);
        }
}

void Encoder(char* original,char* codeFile,HfCode hc,HFMT HT)
//利用已建好的哈夫曼树,对 original 文件中要传输的原始数据进行编码,
//将编码结果存入文件 codeFile 中
{
    char* str;            //用于存储需编码内容
    int i=0;
    char ch;
    int k=0;
    FILE* fin;
    FILE* fout;
    if((fin=fopen(original,"r"))!=NULL)
    {
          fscanf(fin,"%c",&ch);
           while(!feof(fin))
           {
              k++;                //计算 CodeFile 中代码长度
           fscanf(fin,"%c",&ch);
           }
       }
      fclose(fin);
      str=new char[k+1];
       k=0;
       if((fin=fopen(original,"r"))!=NULL)
       {
             fscanf(fin,"%c",&ch);
             while(!feof(fin))
             {
                  str[k++]=ch;
                  fscanf(fin,"%c",&ch);
             }
       }
       fclose(fin);
       str[k]='\0';          //结束标志符
       printf("要编码的数据是:\n");
       printf("%s\n",str);
       k=0;
       if((fout=fopen(codeFile,"w"))!=NULL)
```

```
        {
            while(str[k]!='\0')      //将字符编码
            {
                for(i=0;i<n;i++)
                {
                    if(str[k]==HT[i].ch)
                    {
                        fprintf(fout,"%s",hc[i]);
                        break;
                    }
                }
                k++;
            }
            printf("已编码!且存到文件 codeFile.dat 中!\n\n");
        }
        fclose(fout);
}

void Decoder(char* codeFile,char* textFile,HFMT HT)
//利用已建好的哈夫曼树,对传输到达的 codeFile 中的数据代码进行译码,
//将译码结果存入文件 textFile 中
{
    int i=0,k=0;
    int j=n*2-1-1;          //表示从根结点开始往下搜索
    char*bitStr;
    FILE* fin;              //读取 codeFile 文本文件指针
    FILE* fout;
    printf("经译码的内容为:\n");
    char ch;
    if((fin=fopen(codeFile,"r"))!=NULL)
    {
        fscanf(fin,"%c",&ch);
        while(!feof(fin))
        {
            k++;                        //计算 codeFile 中代码长度
            fscanf(fin,"%c",&ch);
        }
    }
    fclose(fin);
    bitStr=new char[k+1];
    k=0;
    if((fin=fopen(codeFile,"r"))!=NULL)
```

```
    {
        fscanf(fin,"%c",&ch);
        while(!feof(fin))
        {
            bitStr[k++]=ch;
            fscanf(fin,"%c",&ch);
        }
    }
    fclose(fin);
    bitStr[k]='\0';         //结束标志符
    if(HT==NULL)            //还未建哈夫曼树
    {
        printf("请先编码!\n");
        return;
    }
   if((fout=fopen(textFile,"w"))!=NULL)
  //将字符形式的编码文件写入文件 CodePrin 中
       while(bitStr[i]!='\0')
       {
           if(bitStr[i]=='0')
                 j=HT[j].lchild;          //往左走
           else
                 j=HT[j].rchild;          //往右走
           if(HT[j].rchild==-1)           //到达叶子结点
           {
                 ch=HT[j].ch;
                 fprintf(fout,"%c",ch);
                 j=n*2-1-1;  //表示重新从根结点开始往下搜索
           }
           i++;
       } //while
       fclose(fout);
       printf("\n 译码成功且已存到文件 textFile.txt\n\n");
}

void main()  //主函数
{
    HFMT HT;
    CreatHFMT(HT);
    PrintHFMT(HT);
    HfCode hc=hfEnCoding(HT);
    printf("\n 哈夫曼树形态为:\n");
```

```
        print_HuffmanTree(HT,2*n-2,0);
        Encoder("original.txt","codefile.txt",hc,HT);
        Decoder("codeFile.txt","textfile.txt",HT);
        printf("\n");
    }
```

5. 运行测试

测试数据：

(1) 利用数据调试程序。

(2) 用下表给出的字符集和频度计数建立哈曼树，并实现以下报文的编码和译码："THIS PROGRAM IS MY FAVORITE"。

字符	A	B	C	D	E	F	G	H	I	J	K	L	M
频数	64	13	22	32	103	21	15	47	57	1	5	32	20
字符	N	O	P	Q	R	S	T	U	V	W	X	Y	Z
频数	57	63	15	1	48	51	80	23	8	18	1	16	1

综合实验五　校园导游咨询

实验目的

(1) 熟悉并掌握图的顺序存储和链式存储结构。

(2) 熟悉并掌握图的数据结构的基本操作和遍历算法。

(3) 熟悉并掌握顶点间的最短路径的算法。

(4) 掌握图的典型应用——校园导游咨询设计与实现。

1. 实验内容及要求

1) 实验内容

问题描述:设计一个校园导游程序,为来访的客人提供各种信息咨询服务,包括:

(1) 设计你所在的学校的校园平面图,所含景点不少于 5 个。以图中顶点表示校内各景点,存放景点的名称、代号、简介等信息;以边表示路径,存放路径长度等相关信息。

(2) 为来访客人提供图中任意景点相关信息的咨询。

(3) 为来访客人提供图中任意景点的问路查询,即查询任意两个景点之间的一条最短的简单路径。

2) 实验要求

(1) 用 C 语言编程实现上述实验内容中的结构定义和算法。

(2) 要有 main()函数,并且在 main()函数中使用检测数据调用上述算法。

(3) 实验完成后撰写实验报告,实验报告的具体格式参见《实验报告须知》(见“精品课程”网页)。

(4) 实验完成后把打印好的实验报告以及电子版的实验报告和源程序一并上交。

(5) 用 switch 语句设计如下选择式菜单。

2. 数据结构设计

```
#define INT_MAX 10000
#define n 10
  //定义全局变量
int cost[n][n];              //边的值
int shortest[n][n];          // 两点间的最短距离
int path[n][n];              // 经过的景点
```

3. 基本操作函数说明

```
void introduce();            //景点介绍
int shortestdistance();      //要查找的两景点的最短距离
void floyed();               //用 floyed 算法求两个景点的最短路径
void display(int I,int j);   //打印两个景点的路径及最短距离
```

```
----------------欢迎使用校园导游系统!----------------
1. 景点信息查询………请按 I(introduc)键
2. 景点最短路径查询…请按 s(shortestdistance)键
3. 退出系统……………请按 e(exit)键
学校景点列表:
      1:学校南门  2:一号教学楼  3:体育馆  4:大学生活动中心  5:带河
      6:后山     7:自由广场   8:风雨操场     9:图书馆        10:竹园
请选择服务:
```

4. 参考源代码

```
#include <stdlib.h>
#include <stdio.h>
#define INT_MAX 10000
#define n 10
//定义全局变量
int cost[n][n];         //边的值
int shortest[n][n];     //两点间的最短距离
int path[n][n];         //经过的景点
//自定义函数原型说明*/
void introduce();
int shortestdistance();
void floyed();
void display(int i,int j);
void main()             //主函数
{
    int i,j;
    char k;
    for(i=0;i<=n;i++)
        for(j=0;j<=n;j++)
            cost[i][j]=INT_MAX;
        cost[1][2]=cost[2][1]=2;
        cost[2][3]=cost[3][2]=1;
        cost[2][4]=cost[4][2]=2;
        cost[3][4]=cost[4][3]=4;
        cost[1][4]=cost[4][1]=5;
        cost[2][5]=cost[5][2]=3;
        cost[5][10]=cost[10][5]=8;
        cost[5][6]=cost[6][5]=2;
        cost[6][7]=cost[7][6]=1;
        cost[7][8]=cost[8][7]=3;
        cost[7][9]=cost[9][7]=3;
```

```
        cost[8][9]=cost[9][8]=4;
        cost[1][1]=cost[2][2]=cost[3][3]=cost[4][4]=cost[5][5]=0;
        cost[6][6]=cost[7][7]=cost[8][8]=cost[9][9]=cost[10][10]=0;
        while(1)
        {
            printf("---------欢迎使用校园导游系统!----------\n");
            printf("1.景点信息查询………请按 i(introduc)键\n");
            printf("2.景点最短路径查询…请按 s(shortestdistance)键\n");
            printf("3.退出系统……………请按 e(exit)键\n");
            printf("学校景点列表:\n");
            printf("1:学校南门 ");
            printf("2:一号教学楼 ");
            printf("3:体育馆 ");
            printf("4:大学生活动中心 ");
            printf("5:带河\n");
            printf("6:后山 ");
            printf("7:自由广场 ");
            printf("8:风雨操场 ");
            printf("9:图书馆 ");
            printf("10:竹园\n");
            printf("请选择服务:");
            scanf("\n%c",&k);
            switch(k)
            {
            case 'i':
                printf("进入景点信息查询:");
                introduce();
                break;
            case 's':
                printf("进入最短路径查询:");
                shortestdistance();
                break;
            case 'e':
                exit(0);
            default:
                printf("输入信息错误!\n 请输入字母 i 或 s 或 e.\n");
                break;
            }
        }
} //main

void introduce()      //景点介绍
```

```
{
    int a;
    printf("您想查询哪个景点的详细信息? 请输入景点编号:");
    scanf("%d",&a);
    getchar();
    printf("\n");
    switch(a)
{
case 1:
    printf("1:学校南门\n\n    学校的正门,气势宏伟.\n\n");break;
case 2:
    printf("2:一号教学楼\n\n  学校主楼,一到四楼为教室,五楼为计算机中心\n\n");
        break;
case 3:
    printf("3:体育馆\n\n    我校篮球馆.\n\n");break;
case 4:
    printf("4:大学生活动中心\n\n学校各种活动的举办场地,大学生的娱乐和休闲的中
        心.\n\n");break;
case 5:
    printf("5:带河\n\n学校横贯东西的小河,河水清澈,两岸绿柳成荫.\n\n");break;
case 6:
    printf("6:后山\n\n学校东边的小山,风景秀丽!\n\n");break;
case 7:
    printf("7:自由广场\n\n学校的主教学楼前广场,大型活动的举办地.\n\n");break;
case 8:
    printf("8:风雨操场\n\n体育场所在地,设有足球场、单杠、双杠等体育设施.\n\n");
        break;
case 9:
    printf("9:图书馆\n\n   学校信息资源中心.\n\n\n");break;
case 10:
    printf("10:竹园\n\n  绿竹如荫.  \n\n");break;
default:
    printf("景点编号输入错误!请输入1->10的数字编号!\n\n");break;
    }
}  //introduce

int shortestdistance()
//要查找的两景点的最短距离
{
    int i,j;
    printf("请输入要查询的两个景点的编号(1->10的数字编号并用','间隔):");
    scanf("%d,%d",&i,&j);
```

```
    if(i>n||i<=0||j>n||j<0)
    {
    printf("输入信息错误!\n\n");
    printf("    请输入要查询的两个景点的编号(1->10的数字编号并用','间隔):\n");
        scanf("%d,%d",&i,&j);
    }
    else
    {
        floyed();
        display(i,j);
    }
    return 1;
} //shortest  distance

void floyed()
//用 floyed算法求两个景点的最短路径
{
     int i,j,k;
     for(i=1;i<=n;i++)
          for(j=1;j<=n;j++)
          {
               shortest[i][j]=cost[i][j];
               path[i][j]=0;
          }
          for(k=1;k<=n;k++)
               for(i=1;i<=n;i++)
                    for(j=1;j<=n;j++)
                         if(shortest[i][j]>(shortest[i][k]+shortest[k][j]))
                         {//用path[][]记录从i到j的最短路径上点j的前驱景点的序号
                             shortest[i][j]=shortest[i][k]+shortest[k][j];
                             path[i][j]=k;
                             path[j][i]=k;
                         }
} //floyed

void display(int i,int j)
//打印两个景点的路径及最短距离
{
     int a,b;
     a=i;
     b=j;
     printf("您要查询的两景点间最短路径是:\n\n");
```

```
        if(shortest[i][j]!=INT_MAX)
        {
            if(i<j)
            {
                printf("%d",b);
                while(path[i][j]!=0)
                {  //把 i 到 j 的路径上所有经过的景点按逆序打印出来
                    printf("<-%d",path[i][j]);
                    if(i<j)
                        j=path[i][j];
                    else
                        i=path[j][i];
                }
                printf("<-%d",a);
                printf("\n\n");
                printf("(%d->%d)最短距离是:%d米\n\n",a,b,shortest[a][b]);
            }
            else
            {
                printf("%d",a);
                while(path[i][j]!=0)
                {  //把 i 到 j 的路径上所有经过的景点按顺序打印出来
                    printf("->%d",path[i][j]);
                    if(i<j)
                        j=path[i][j];
                    else
                        i=path[j][i];
                }
                printf("->%d",b);
                printf("\n\n");
                printf("(%d->%d)最短距离是:%5d米\n\n",a,b,shortest[a][b]);
            }
        }
        else
            printf("输入错误!不存在此路!\n\n");
        printf("\n");
    }  //display
```

5. 运行测试

以读者所在学校为例,设计校园导游系统,测试各项功能。

综合实验六　利用栈实现表达式求解

实验目的：

(1) 熟悉栈的数据结构的实现与操作。

(2) 掌握栈的典型应用——利用栈实现表达式求解。

1. 实验内容及要求

1) 问题描述

输入一个表达式，按如下要求完成其求值运算：

(1) 表达式中允许有两种括号：(、)、[、]，请验证其匹配成对的合法性。

(2) 运算符限定于加减乘除四种运算，请验证表达式是否书写合法，如：3＋2－ * 5 就不是一个合法表达式。

(3) 使用栈的原理实现表达式求值。

(4) 尽量考虑参与运算的数是非1位数，如：234＋32 * 12。

2) 实验要求

(1) 用C语言编程实现上述实验内容中的结构定义和算法。

(2) 要有main()函数，并且在main()函数中使用检测数据调用上述算法。

(3) 实验完成后撰写实验报告，实验报告的具体格式参见《实验报告须知》(见“精品课程”网页)。

(4) 实验完成后把打印好的实验报告以及电子版的实验报告和源程序一并上交。

2. 数据结构设计

```
#define stack_init_size 100      //定义栈的最大初始化容量
#define stackincreament 10       //定义栈的增量
#define overflow -2
typedef struct{
    char*base;
    char*top;
    int stacksize;
}Sqstackcha;  //定义存放运算符号的栈的数据类型
typedef struct{
    double*base;
    double*top;
    int stacksize;
}Sqstackdou;  //定义存放操作数或中间结果的栈的数据类型
Sqstackcha optr;
Sqstackdou opnd;
```

3. 基本操作函数说明

```
char gettop(Sqstackcha &s);          //取操作符栈顶元素
double gettop(Sqstackdou &s);        //取操作数栈顶元素
int precede(Sqstackcha &s,char c);
    //比较字符 c 与操作符栈顶元素的优先级
void initstack(Sqstackcha &s);       //初始化操作符栈
void initstack(Sqstackdou &s);       //初始化操作数栈
double opterate(double a,char theta,double b);
    //对操作数 a 和 b 用操作符运行其结果
void push(Sqstackcha &s,char e); //操作符入栈
#define INT_MAX 10000
#define n 10
    //定义全局变量
int cost[n][n];          //边的值
int shortest[n][n];  //两点间的最短距离
int path[n][n];          //经过的景点
void introduce();        //景点介绍
int shortestdistance();  //要查找的两景点的最短距离
void floyed();  //用 floyed 算法求两个景点的最短路径
void display(int i,int j);  //打印两个景点的路径及最短距离
char pop(Sqstackcha &s,char e);  //操作符出栈
double pop(Sqstackdou &s,double e);  //操作符出栈
```

4. 参考源代码

```
#include <iostream.h>
#include <stdlib.h>
#define stack_init_size 100       //定义栈的最大初始化容量
#define stackincreament 10        //定义栈的增量
#define overflow -2
typedef struct{
     char*base;
     char*top;
     int stacksize;
}Sqstackcha;     //定义存放运算符号的栈的数据类型
Typedef struct{
     double*base;
     double*top;
     int stacksize;
}Sqstackdou;
    //定义存放操作数或中间结果的栈的数据类型
```

```
Sqstackcha optr;
Sqstackdou opnd;
char gettop(Sqstackcha &s);
double gettop(Sqstackdou &s);
int precede(Sqstackcha &s,char c);
void initstack(Sqstackcha &s);
void initstack(Sqstackdou &s);
double opterate(double a,char theta,double b);
void push(Sqstackcha &s,char e);
void push(Sqstackdou &s,double e);
char pop(Sqstackcha &s,char e);
double pop(Sqstackdou &s,double e);
void initstack(Sqstackcha &s)  //初始化字符型栈
{
      s.base=(char*)malloc(stack_init_size*sizeof(char));
      if(!s.base)
      {
            cout<<"e";
            exit(overflow);
      }
      s.top=s.base;
      s.stacksize=stack_init_size;
}

void initstack(Sqstackdou &s)  //初始化 double 型栈
{
      s.base=(double*)malloc(stack_init_size*sizeof(double));
      if(!s.base) exit(overflow);
      s.top=s.base;
      s.stacksize=stack_init_size;
}

void push(Sqstackcha &s,char e)  //操作符栈操作
{
     if(s.top-s.base>=s.stacksize){
            s.base=(char*)realloc(s.base,
                  (s.stacksize+stackincreament)*sizeof(char));
            if(!s.base) exit(overflow);
            s.stacksize+=stackincreament;
     }
     *s.top++=e;
}
```

```
void push(Sqstackdou &s,double e)
{//操作数进栈操作
    if(s.top-s.base>=s.stacksize){
        s.base=(double*)realloc(s.base,
            (s.stacksize+stackincreament)*sizeof(double));
        if(!s.base){
            exit(overflow);
        }
        s.stacksize+=stackincreament;
        }
    *s.top++=e;
}

char gettop(Sqstackcha &s)  //取操作符栈栈顶元素
{
    char e;
    if(s.top==s.base) {
        exit(overflow);
    }
    e=*(s.top-1);
    return e;
}

double gettop(Sqstackdou &s)  //取操作数栈栈顶元素
{
    double e;
    if(s.top==s.base){
        exit(overflow);
    }
    e=*(s.top-1);
    return e;
}
char pop(Sqstackcha &s,char e)  //操作符出栈操作
{
    if(s.top==s.base) {
        cout<<"e";
        exit(overflow);
    }
    e=*--s.top;
    return e;
}
```

```
double pop(Sqstackdou &s,double e)   //操作数出栈操作
{
    if(s.top==s.base) {
          exit(overflow);
    }
    e=*--s.top;
    return e;
}

int precede(Sqstackcha &s,char c)   //对运算符优先级的判断函数
{
     int flag;
     char a1;
     a1=gettop(optr);
     switch(a1){
     case'+':
          if(c=='*'||c=='/'||c=='(')
               flag=-1;
          else
               if(c=='+'||c=='-'||c==')'||c=='#')
                    flag=1;
               break;
     case'-':
          if(c=='*'||c=='/'||c=='(')
               flag=-1;
          else
               if(c=='+'||c=='-'||c==')'||c=='#')
                    flag=1;
               break;
     case'*':
          if(c=='(')
               flag=-1;
          else
               if(c=='+'||c=='-'||c=='*'||c=='/'||c==')'||c=='#')
                    flag=1;
               break;
     case'/':
          if(c=='(')
               flag=-1;
          else
               flag=1;
```

```
                break;
        case'(':
            if(c==')')
                flag=0;
            else
                if(c=='#'){
                    cout<<"输入的表达式不正确!"<<endl;
                    exit(0);
                }
                else
                    flag=-1;
                break;
        case')':
            if(c=='(')
            {
                cout<<"输入的表达式不正确!"<<endl;
                exit(0);
            }
            else
                flag=1;
            break;
        case'#':
            if(c=='#')
                flag=0;
            else
                if(c==')'){
                    cout<<"输入的表达式不正确!"<<endl;
                    exit(0);
                }
                else
                    flag=-1;
                break;
        }
        return flag;
}
double opterate(double a,char theta,double b)
//double型数之间的基本运算函数
{
        double c;
        switch(theta){
        case'+':
            c=a+b;
```

```
            break;
        case'-':
            c=a-b;
            break;
        case'*':
            c=a*b;
            break;
        case'/':
            c=a/b;
            break;
        }
        return c;
}

void main()  //主函数
{
        double x,y,z,a,b;
        char r,theta,s;
        cout<<"请输入计算表达式并以'#'结束:";
        initstack(optr);
        push(optr,'#');
        initstack(opnd);
        while(r!='#'||gettop(optr)!='#'){
            if(r>='0'&&r<='9')
            {
                x=0;
                while(r<='9'&& r>='0')
                {
                    x=x*10+r-'0';
                }
                push(opnd,x);
            }
            else
                switch(precede(optr,r))
            {
                case -1:
                    push(optr,r);
                    break;
                case 0:
                    pop(optr,theta);
                    break;
```

```
                    case 1:
                        s=pop(optr,theta);
                        y=pop(opnd,b);
                        z=pop(opnd,a);
                        push(opnd,opterate(z,s,y));
                        break;
                }
            }
            cout<<"计算表达式的值为:";
            cout<<gettop(opnd)<<endl;
        }
```

5. 运行测试

自己设计测试样例,观察各项功能是否符合实验要求。

综合实验七　跳舞搭配问题

实验目的

(1) 熟悉并掌握队列的顺序存储和链式存储结构。

(2) 熟悉并掌握队列的基本操作。

(3) 掌握队列实现跳舞搭配问题。

1. 实验内容及要求

1) 实验内容

问题描述：一班有 m 个女生，有 n 个男生(m 不等于 n)，现要开一个舞会，男女生分别编号坐在舞池的两边的椅子上。每曲开始时。依次从男生和女生中各出一人配对跳舞，本曲没成功配对者坐着等待下一曲找舞伴。设计一系统模拟动态地显示出上述过程，要求如下：

(1) 输出每曲配对情况。

(2) 计算出任何一个男生(编号为 X)和任意一个女生(编号为 Y)，在第 K 曲配对跳舞的情况，至少求出 K 的两个值。

2) 实验要求

(1) 用 C 语言编程实现上述实验内容中的结构定义和算法。

(2) 要有 main()函数，并且在 main()函数中使用检测数据调用上述算法。

(3) 实验完成后撰写实验报告，实验报告的具体格式参见《实验报告须知》。

(4) 实验完成后把打印好的实验报告以及电子版的实验报告和源程序一并上交。

2. 数据结构设计

```
typedef struct QNode
{ //定义链队结点类型
    int num;
    struct QNode* next;
}QNode,*QueuePtr;
typedef struct
{//定义链队头指针类型
    QueuePtr front;  //队头指针
    QueuePtr rear;   //队尾指针
}LinkQueue;
```

3. 基本操作函数说明

```
void sleep( clock_t wait );        //延迟函数
```

```
void InitQ(LinkQueue &Q)              //建立空队列
void EnQueue(LinkQueue &Q,int num)          //入队列
void DeQueue(LinkQueue &Q,int &num)         //出队列
void DestroyQueue(LinkQueue &Q)             //删除队列
void printF(LinkQueue &F,int i)
        //打印第 i 首曲子时女队的情况
void printM(LinkQueue &M,int i)
        //打印第 i 首曲子时男队的情况
void check(int n)
        //判断输入 n 是否合法
```

4. 参考源代码

```
#include <stdio.h>
#include <time.h>
#include <stdlib.h>
void check(int n);
//定义链队结点类型
typedef struct QNode
{
     int num;
     struct QNode* next;
}QNode,*QueuePtr;
//定义链队头指针类型
typedef struct
{
     QueuePtr front;      //队头指针
     QueuePtr rear;       //队尾指针
}LinkQueue;

void sleep(clock_t wait)   //延迟函数
{
     clock_t goal;
     goal=wait +clock();
     while(goal >clock());
}

void InitQ(LinkQueue &Q)   //建立空队列
{
     QueuePtr p;
     p= (QueuePtr)malloc(sizeof(QNode));
     if(p==NULL)
```

```
        exit(-1);
    Q.front=p;
    Q.rear=p;
    Q.front->next=NULL;
}

void EnQueue(LinkQueue &Q,int num)  //入队列
{
    QueuePtr p;
    p=(QueuePtr)malloc(sizeof(QNode));
    if(p==NULL)
        exit(-1);
    p->num=num;
    p->next=NULL;
    Q.rear->next=p;
    Q.rear=p;
}

void DeQueue(LinkQueue &Q,int &num)  //出队列
{
    QueuePtr p;
    if(Q.front==Q.rear)
    {
        printf("队列为空");
        return;
    }
    p=Q.front->next;
    num=p->num;
    Q.front->next=p->next;
    if(!p->next)
        Q.rear=Q.front;
    free(p);
}

void DestroyQueue(LinkQueue &Q)  //删除队列
{
    while(Q.front)
    {
        Q.rear=Q.front->next;
        free(Q.front);
        Q.front=Q.rear;
    }
```

```
}

void printF(LinkQueue &F,int i)   //打印第 i 首曲子时女队的情况
{
     QueuePtr p;
     int n=1;
     while(n<i)
     {
          printf("_ ");
          n++;
     }
     p=F.front->next;
     while(F.rear!=p){
          printf("%d ",p->num);
          p=p->next;}
     printf("%d \n",p->num);
}

void printM(LinkQueue &M,int i)
{       //打印第 i 首曲子时男队的情况
     QueuePtr p;
     int n=1;
     while(n<i)
     {
          printf("_ ");
          n++;
     }
     p=M.front->next;
     while(M.rear!=p){
          printf("%d ",p->num);
          p=p->next;}
     printf("%d \n",p->num);
}

void main()      //主函数
{
     int m,n,k,i,num;
     QueuePtr p,q;
     LinkQueue F;      //女生队
     LinkQueue M;      //男生队
     printf("请输入女生数量:");
     scanf("%d",&m);
```

```
check(m);
printf("请输入男生数量:");
scanf("%d",&n);
check(n);
printf("请输入曲子号:");
scanf("%d",&k);
check(k);
InitQ(F);
InitQ(M);
for(i=1;i<=m;i++)
{
     EnQueue(F,i);
}
for(i=1;i<=n;i++)
{
     EnQueue(M,i);
}

for(i=1;i<=k;i++)
{
     system("CLS");
     printf("第%d首曲子  \n",i);
     printF(F,i);
     printM(M,i);
     p=F.front->next;
     q=M.front->next;
     printf("k11111:目前跳舞的是第%d号女生和第%d号男生\n",p->num,q->num);
     //k的第一个值
     sleep(1000);
     DeQueue(F,num);
     EnQueue(F,num);
     DeQueue(M,num);
     EnQueue(M,num);
}

InitQ(F);
InitQ(M);
for(i=1;i<=m;i++)
{
     EnQueue(F,i);
}
for(i=1;i<=n;i++)
```

```
        {
            EnQueue(M,i);
        }
        for(i=1;i<=k;i++)
        {
        system("CLS");
        printf("第%d首曲子  \n",i);
        printF(F,i);
        printM(M,i);
        p=F.front->next;
        q=M.front->next;
        if(p->num+1<=m)   //把上次女生配对的人往后错一个
        printf("k22222:目前跳舞的是第%d号女生和第%d号男生\n",p->num+1,q->num);
                    //k的第二个值
              else   //如果是最后一个女生,就错到第一个
        printf("k22222:目前跳舞的是第%d号女生和第%d号男生\n",p->num-m+1,q->num);
              sleep(1000);
              DeQueue(F,num);
              EnQueue(F,num);
              DeQueue(M,num);
              EnQueue(M,num);
        }
        sleep(1000);
        DestroyQueue(F);
        DestroyQueue(M);
}
void check(int n)
{//判断输入n是否合法*/
    if(n<0)
    {
        printf("Error input!");
        exit(0);
    }
}
```

5. 运行测试

以班级节日舞会为模型,测试各项功能函数。

综合实验八　散列表的设计与实现

实验目的

(1) 熟悉并掌握散列表存储结构。

(2) 熟悉并掌握散列表的查找操作。

(3) 掌握散列表的冲突解决方法的实现。

1. 实验内容及要求

1) 实验内容

问题描述:设计散列表实现电话号码查找系统,每个记录有下列数据项:电话号码、用户名、地址。

(1) 从键盘输入各记录,分别以电话号码和用户名为关键字建立散列表。

(2) 采用一定的方法解决冲突。

(3) 查找并显示给定电话号码的记录。

(4) 查找并显示给定用户名的记录。

2) 实验要求

(1) 用C语言编程实现上述实验内容中的结构定义和算法。

(2) 要有main()函数,并且在main()函数中使用检测数据调用上述算法。

(3) 实验完成后撰写实验报告,实验报告的具体格式参见《实验报告须知》(见"精品课程"网页)。

(4) 实验完成后把打印好的实验报告以及电子版的实验报告和源程序一并上交。

(5) 用switch语句设计如下选择式菜单。

```
****************************************
 *0.添加记录                          *
 *3.查找记录                          *
 *2.姓名散列                          *
 *4.号码散列                          *
 *5.清空记录                          *
 *6.保存记录                          *
 *7.退出系统                          *
 ****************************************
```

2. 数据结构设计

```
#define NULL 0
unsigned int key;
```

```
unsigned int key2;
int*p;
struct Node      //定义结点
{
    char name[8];          //姓名
    char address[20];      //地址
    char num[11];          //电话号码
    struct Node*next;      //指向下一个结点指针
};
typedef Node*pNode;
typedef Node*pName;
Node**phone;
Node**nam;
Node*a;
```

3. 基本操作函数说明

```
void hash(char num[11]);      //电话号码哈希函数
void hash2(char name[8]);     //姓名哈希函数
Node*input();       //输入记录信息
int append();       //添加记录信息
void create();      //新建电话号码结点信息
void create2();     //新建姓名结点信息
void list();        //显示电话号码列表
void list2();       //显示姓名列表
void find(char num[11]);      //查找用户信息
void find2(char name[8]);     //查找用户信息
void save();     //保存用户信息
void menu();     //菜单
```

4. 参考源代码

```
#include <iostream.h>
#include <string.h>
#include <stdlib.h>
#include <stdio.h>
#define NULL 0
unsigned int key;
unsigned int key2;
int*p;
struct Node  //定义结点
{
    char name[8];          //姓名
```

```
    char address[20];     //地址
    char num[11];         //电话号码
    struct Node*next;     //指向下一个结点指针
};
typedef Node*pNode;
typedef Node*pName;
Node**phone;
Node**nam;
Node*a;
void hash(char num[11])  //电话号码哈希函数
{
    int i=3;
    key=(int)num[2];
    while(num[i]!=NULL)
    {
        key+=(int)num[i];
        i++;
    }
    key=key%20;
}

void hash2(char name[8])  //姓名哈希函数
{
    int i=1;
    key2=(int)name[0];
    while(name[i]!=NULL)
    {
        key2+=(int)name[i];
        i++;
    }
    key2=key2%20;
}

Node *input()  //输入记录信息
{
    Node*temp;
    temp=new Node;
    temp->next=NULL;
    cout<<"输入姓名(最多 8 个字符):"<<endl;
    cin>>temp->name;
    cout<<"输入地址(最多 20 个字符):"<<endl;
    cin>>temp->address;
```

```
    cout<<"输入电话(最多 11 个字符):"<<endl;
    cin>>temp->num;
    return temp;
}

int append()  //添加记录信息
{
    Node* newphone;
    Node* newname;
    newphone=input();
    newname=newphone;
    newphone->next=NULL;
    newname->next=NULL;
    hash(newphone->num);
    hash2(newname->name);
    newphone->next=phone[key]->next;
    phone[key]->next=newphone;
    newname->next=nam[key2]->next;
    nam[key2]->next=newname;
    return 0;
}
void create()  //新建电话号码结点信息
{
    int i;
    phone=new pNode[20];
    for(i=0;i<20;i++)
    {
        phone[i]=new Node;
        phone[i]->next=NULL;
        }
}

void create2()  //新建姓名结点信息
{
    int i;
    nam=new pName[20];
    for(i=0;i<20;i++)
    {
        nam[i]=new Node;
        nam[i]->next=NULL;
    }
}
```

```
void list()      //显示电话号码列表
{
     int i;
     Node*p;
     for(i=0;i<20;i++)
     {
          p=phone[i]->next;
          while(p)
          {
               cout<<p->name<<'_'<<p->address<<'_'<<p->num<<endl;
               p=p->next;
          }
     }
}

void list2()  //显示姓名列表
{
     int i;
     Node*p;
     for(i=0;i<20;i++)
     {
          p=nam[i]->next;
          while(p)
          {
               cout<<p->name<<'_'<<p->address<<'_'<<p->num<<endl;
               p=p->next;
          }
     }
}

void find(char num[11])    //查找用户信息
{
     hash(num);
     Node*q=phone[key]->next;
     while(q!=NULL)
     {
          if(strcmp(num,q->num)==0)
                break;
          q=q->next;
     }
     if(q)
          cout<<q->name<<"_"<<q->address<<"_"<<q->num<<endl;
```

```
    else cout<<"无此记录"<<endl;
}

void find2(char name[8])  //查找用户信息
{
    hash2(name);
    Node*q=nam[key2]->next;
    while(q!=NULL)
    {
        if(strcmp(name,q->name)==0)
            break;
        q=q->next;
    }
    if(q)
        cout<<q->name<<"_"<<q->address<<"_"<<q->num<<endl;
    else cout<<"无此记录"<<endl;
}

void save()  //保存用户信息
{
    int i;
    Node*p;
    FILE*fout;
    if((fout=fopen("out.txt","w"))!=NULL)
    {
        for(i=0;i<20;i++)
        {
            p=phone[i]->next;
            while(p)
            {
                fprintf(fout,"%s_%s_%s\n",p->name,p->address,p->num);
                p=p->next;
            }
        }
    }
    fclose(fout);
}

void menu()    //菜单
{
    cout<<"\t*0.添加记录                        *"<<endl;
    cout<<"\t*3.查找记录                        *"<<endl;
```

```
    cout<<"\t*2.姓名散列                        *"<<endl;
    cout<<"\t*4.号码散列                        *"<<endl;
    cout<<"\t*5.清空记录                        *"<<endl;
    cout<<"\t*6.保存记录                        *"<<endl;
    cout<<"\t*7.退出系统                        *"<<endl;
    cout<<"\t******************************"<<endl;
}

int main()
{
    char num[11];
    char name[8];
    create();
    create2();
    int sel;
    while(1)
    {
        menu();
        cin>>sel;
        if(sel==3)
        {
            cout<<"9号码查询,8姓名查询"<<endl;
            int b;
            cin>>b;
            if(b==9)
            {
                cout<<"请输入电话号码:"<<endl;
                cin >>num;
                cout<<"输出查找的信息:"<<endl;
                find(num);
            }
            else
            {
                cout<<"请输入姓名:"<<endl;
                cin >>name;
                cout<<"输出查找的信息:"<<endl;
                find2(name);
            }
        }
        if(sel==2)
        {
            cout<<"姓名散列结果:"<<endl;
```

```
                list2();
            }

            if(sel==0)
            {
                cout<<"请输入要添加的内容:"<<endl;
                append();
            }
            if(sel==4)
            {
                cout<<"号码散列结果:"<<endl;
                list();
            }
            if(sel==5)
            {
                cout<<"列表已清空:"<<endl;
                create();
                create2();
            }
            if(sel==6)
            {
                cout<<"通信录已保存:"<<endl;
                save();
            }
            if(sel==7)
                return 0;
        }
        return 0;
    }
```

5. 运行测试

建立班级通信录,测试本通信录的功能。

综合实验九　简单文本编辑器设计与实现

实验目的

(1) 熟悉并掌握双向链表存储结构实现及其基本操作。

(2) 熟悉并掌握字符串模式匹配操作。

(3) 掌握简单文本编辑器的实现。

1. 实验内容及要求

1) 实验内容

问题描述：输入一页文字，采用动态存储结构存储一页文章，每行最多不超过 80 个字符，共 N 行；要求如下。

(1) 分别统计出其中英文字母数和空格数及整篇文章总字数。

(2) 统计某一字符串在文章中出现的次数，并输出该次数。

(3) 在指定行前插入文本，删除指定行文本。

(4) 查找定位某个单词在文本中的位置。

(5) 装入和保存文本。

2) 实验要求

(1) 用 C 语言编程实现上述实验内容中的结构定义和算法。

(2) 要有 main()函数，并且在 main()函数中使用检测数据调用上述算法。

(3) 实验完成后撰写实验报告，实验报告的具体格式参见《实验报告须知》(见“精品课程”网页)。

(4) 实验完成后把打印好的实验报告以及电子版的实验报告和源程序一并上交。

(5) 设计如下选择式菜单。

```
1.输入
2.删除一行
3.显示全部
4.单词统计
5.查找定位单词
6.定行位置插入
7.文件存盘
8.装入文件
9.退出
请按数字选择：
```

2. 数据结构设计

```
struct line      //定义文本行数据类型
```

```
{
    char text[81];
    int num;                //行号
    struct line*next;       //指向下一个行的指针
    struct line*prior;      //指向前一个行的指针
};
struct line *start;         //指向表中第一行的指针
struct line *last;          //指向表中最后一行的指针
```

3. 基本操作函数说明

```
struct line*find(int linenum);    //查找一行文本
//当文本内容插在文件中间时其下面的内容的行号必须增加 1,
//而删除时,被删除的文本后面的行号必须减 1
void patchup(int n,int incr)
struct line*dls_store(struct line*i);   //按行号排序后插入
int enter(int linenum);   //将文本插在指定行前面
void delete_text();   //删除一行
void list();   //显示文本
void wordnum();   //单词的统计
void wordfind(); //查找定位单词
void save(char*fname);   //存文件
void load(char*fname);   //装入文件
int   menu_select();   //显示菜单,供用户选择
```

4. 参考源代码:

```
#include "stdio.h"
#include "stdlib.h"
#include <string.h>
#include <ctype.h>
typedef struct line
{   //定义文本行数据类型
    char text[81];
    int num;                //行号
    struct line*next;       //指向下一个输入项目的指针
    struct line*prior;      //指向前一个项目的指针
} txtLine;
txtLine *start;             //指向表中第一行的指针
txtLine *last;              //指向表中最后一行的指针

txtLine*find(int linenum)       //查找一行文本
```

```
{
    txtLine* info;
    info=start;
    while(info)
    {
        if(linenum==info->num)   //等于行号
        {
            return(info);
        }
        info=info->next;  //指向下一行
    }
    return(NULL);
}
//当文本内容插在文件中间时其下面的内容的行号必须增加 1,
//而删除时,被删除的文本后面的行号必须减 1
void patchup(int n,int int incr)
{
    txtLine* i;
    i=find(n);  //查找第 n 行
    while(i)
    {
        i->num=i->num+incr;  //调整行号
        i=i->next;
    }
}
txtLine* insert_Line(txtLine* i)  //按行号排序后插入
{
    txtLine* old,*p;
    if(last==NULL)  //空文本
    {
        i->next=NULL;
        i->prior=NULL;
        last=i;
        return(i);
    }
    p=start;
    old=NULL;
    while(p)
    {
        if(p->num<i->num)
        {
            old=p;
```

```
                p=p->next;
            }
            else
            {
                if(p->prior)
                {
                    p->prior->next=i;
                    i->next=p;
                    p->prior=i;
                    return start;
                }
                i->next=p;
                i->prior=NULL;
                p->prior=i;
                return(i);
            }
        }
        old->next=i;
        i->next=NULL;
        i->prior=old;
        last=i;
        return start;
    }

int enter(int linenum)   //将文本插在指定行前面
{
    txtLine*info;
    for(;;)
    {   //分配行存储空间
        info=(txtLine*)malloc(sizeof(txtLine));
        if(!info)
        {
            printf("\t!内存不够!\n");
            return(NULL);
        }
        printf("%d:",linenum);
        gets(info->text);
        info->num=linenum;
        if(*info->text)
        {
            if(find(linenum))   //查找对应行文本是否存在
                patchup(linenum,1);
```

```
            if(*info->text)
                start=insert_Line(info);
        }
        else
            break;
        linenum++;
    }
    return(linenum);
}

void delete_text()
{  //删除一行
    txtLine* info;
    char s[80];
    int linenum;
    printf("\t 行号:");
    gets(s);
    linenum=atoi(s);    //把字符串转换成整型数
    info=find(linenum);
    if(info)
    {
        if(start==info)
        {
            start=info->next;
            if(start)
                start->prior=NULL;
            else
                last=NULL;
        }
        else
        {
            info->prior->next=info->next;
            if(info!=last)
                info->next->prior=info->prior;
            else
                last=info->prior;
        }
        free(info);
        patchup(linenum+1,-1);
    }
}
void list()
```

```
{ //显示文本
    txtLine* info;
    info=start;
    while(info)
    {
        printf("%d:%s\n",info->num,info->text);
        info=info->next;
    }
    printf("\n\n");
}

void wordnum()  //单词的统计
{
     line*p;
     char keyword[80];
     printf("请输入你要统计的单词:");
     gets(keyword);
     char* key=keyword,*q,*r;
     int len=strlen(key),i=0;
     p=start;
     do
     {
      q=p->text;
      q--;
      do
      {
     if(q=strstr(++q,key))
       //在字符串 q 中寻找字符串 key,如果找到了就返回指针,否则返回 NULL
          {
          r=q;
          if(!(((*(r-1)>='a'&&*(r-1)<='z')||
          (*(r-1)>='A'&&*(r-1)<='Z'))&&
                ((*(r+len)>='a'&&*(r+len)<='z')||
                (*(r+len)>='A'&&*(r+len)<='Z'))))
                i++;
                }
          }while(q!=NULL);
          p=p->next;
     }while(p);
     printf("你输入的单词在本文中出现的次数为:%d\n",i);
}

void wordfind()
{ //查找定位单词
```

```
txtLine*p;
char keyword[80];
printf("请输入你要查找的单词:");
gets(keyword);
char* key=keyword,*q,*r;
int len=strlen(key),i;
p=start;
do
{
    q=p->text;
    q--;
    do
    {
        i=1;
        if(q=strstr(++q,key))
//在字符串q中寻找字符串key,如果找到返回首字符指针
        {
            r=q;    //判断是否是单词
            if(!(((*(r-1)>='a'&&*(r-1)<='z')||
                (*(r-1)>='A'&&*(r-1)<='Z'))&&
                ((*(r+len)>='a'&&*(r+len)<='z')||
                (*(r+len)>='A'&&*(r+len)<='Z'))))
            {
                for(r=p->text;r!=q;r++)
                    if(!(*r>='a'&&*r<='z'||*r>='A'&&*r<='Z'))
                        i++;
                    printf("你查找的单词在第%d行第%d个\n",p->num,
                    i);
                    printf("继续下一个查找输入'y'回车将停止查找 :");
                    char s;
                    fflush(stdin);  //清除输入缓存区
                    scanf("%c",&s);
                    switch(s)
                    {
                    case 'y':
                    case 'Y':
                        continue;
                    default:
                        printf("\n查找已停止!\n");
                        return;
                    }
            }
```

```
            }
        }while(q!=NULL);
        p=p->next;
    }while(p);
    printf("查找完毕！");
}

void save(char* fname)    //存文件
{
    txtLine* info;
    char* p;
    FILE* fp;
    if((fp=fopen("text.txt","w"))==NULL)
    {
        printf("\t 文件打不开！\n");
        exit(0);
    }
    printf("\t 正在存入文件:\n");
    info=start;
    while(info)
    {
        p=info->text;
        while(*p)
            putc(*p++,fp);

        putc('\n',fp);
        info=info->next;
    }
    fclose(fp);
}

void load(char* fname)    //装入文件
{
    txtLine* info,*temp;
    char* p;
    FILE* fp;
    int size,inct;
    if((fp=fopen("text.txt","r"))==NULL)
    {
        printf("\t 文件打不开！\n");
        exit(0);
    }
```

```
    while(start)
    {
        temp=start;
        start=start->next;
        free(temp);
    }
    printf("\n\t 正装入文件 !\n");
    size=sizeof(txtLine);
    start=(txtLine*)malloc(size);
    if(!start)
    {
          printf("\n\t 内存已经用完!");
          return;
    }
    info=start;
    p=info->text;
    inct=1;
    while((*p=getc(fp))!=EOF)
    {
          p++;
          while((*p=getc(fp))!='\n') p++;
          //getc(fp);       //丢掉'\n'
          *p='\0';
          info->num=inct++;
          info->next=(txtLine*)malloc(size);
          if(!info->next){
                printf("\n\t 内存已经用完!");
                return;
          }
          info->prior=temp;
          temp=info;
          info=info->next;
          p=info->text;
    }
    temp->next=NULL;
    last=temp;
    free(info);
    start->prior=NULL;
    fclose(fp);
}

int menu_select()  // 显示菜单,供用户选择
```

```
{
    char s[80];
    int c;
    printf("\t\t1.输入\n");
    printf("\t\t2.删除一行\n");
    printf("\t\t3.显示全部\n");
    printf("\t\t4.单词统计\n");
    printf("\t\t5.查找定位单词\n");
    printf("\t\t6.定行位置插入\n");
    printf("\t\t7.文件存盘\n");
    printf("\t\t8.装入文件\n");
    printf("\t\t9.退出\n");
    do{
        printf("\n\n\t\t请按数字选择:");
        gets(s);
        c=atoi(s);
    }while(c<0||c>9);
    return(c);
}

void main()  //主函数
{
    char s[80],choice,fname[80];
    int linenum=1;
    start=NULL;
    last=NULL;
    do//循环中
    {
        choice=menu_select();
        switch(choice){
        case 1:
            printf("\t行号:");
            gets(s);
            linenum=atoi(s);
            enter(linenum);
            break;
        case 2:
            delete_text();
            list();
            break;
        case 3:list();
            break;
```

```
        case 4:
            wordnum();
            printf("回车返回主菜单!");
            getchar();
            break;
        case 5:
            wordfind();
            printf("回车返回主菜单!");
            getchar();
            break;
        case 6:
            printf("\t查入的行号:");
            gets(s);
            linenum=atoi(s);
            enter(linenum);
            list();
            break;
        case 7:
            printf("\t文件名:");
            gets(fname);
            save(fname);
            break;
        case 8:
            printf("\t文件名:");
            gets(fname);
            load(fname);
            break;
        case 9:exit(0);
        }
    }while(1);
}
```

5. 运行测试

运行程序,输入一段文字和符号,测试各项功能函数。

综合实验十　词索引表的建立

实验目的

(1) 熟悉并掌握线性表的顺序存储和链式存储结构的实现。

(2) 熟悉并掌握字符串的基本操作。

(3) 掌握查找操作在字符串处理中的应用。

1. 实验内容及要求

1) 实验内容

问题描述:信息检索是计算机应用的重要领域之一。为了提高图书馆书目检索的效率,建立书名关键词索引,可以实现读者快速检索书目的自动化,即根据关键词索引表,读者可以方便查询到自己感兴趣的书目。

2) 实验要求

(1) 用C语言编程实现上述实验内容中的结构定义和算法。

(2) 要有main()函数,并且在main()函数中使用检测数据调用上述算法。

(3) 实验完成后撰写实验报告,实验报告的具体格式参见《实验报告须知》(见“精品课程”网页)。

(4) 实验完成后把打印好的实验报告以及电子版的实验报告和源程序一并上交。

2. 数据结构设计

```
#define MaxBookNum 1000      //最大书目数
#define MaxKeyNum 2500       //索引表最大容量
#define MaxLineLen 500       //书目字符串的最大长度
#define MaxWordNum 100       //最大字词表的容量
typedef struct   //定义串的堆存储类型
{
    char* ch;
    int length;   //串长度
} HString;
typedef struct
{
    char* item[MaxKeyNum+1];
    int last;
} WordListType;             //词表类型(顺序表)
typedef int elemType;   //定义链表的数据类型为整型(书号)
typedef struct Lnode    //定义索引链表结点
```

```
{
    int data;
    struct Lnode*next;
}LNode,*LinkList;
typedef struct          //定义索引项类型
{
    HString key;        //关键字
    LinkList bnolist;   //存放书号索引链表
} idxTermType;
typedef struct          //定义索引表类型(有序表)
{
    idxTermType item[MaxKeyNum+1];
    int last;
}idxListType;
//全局变量
char *buf;              //书目串缓存区
WordListType wdlist;    //词表
```

3. 基本操作函数说明

```
int StrAssign(HString &T,char* chars);
  //生成一个值等于串常量 chars 的串 T
int StrCompare(HString s,HString t);
  //比较字符串 s 与 t
void InitIdxList(idxListType &idxlist);
  //初始化索引表,置为空表
void GetLine(FILE *f);
  //从书目文件中读取书目信息
void ExtractKeyWord(elemType &bkno);
  //提取书名关键字到词表,书号存入 bkno
void printWordList(WordListType w);
  //输出词表中所有的关键字
int InsertIndexToList(idxListType &indexList,int bkno);
  //将书号为 bkno 的书名关键字插入按词表顺序插入的索引表 indexList 中
int PutText(FILE *IdxFile,idxListType idxlist);
  //将生成的索引表 indexlist 输出到 g 文件中
void GetWord(int i,HString &wd);
  //返回词表 wd 中第 i 个关键字
int Locate(idxListType &idxlist,HString wd,int &b);
 //在索引表 idxlist 中查找是否存在与 wd 相同的关键字,若存在,返回在索引表中的
 //位置,且 b=1,若不存在,返回插入位置,且 b=0
void InsertNewKey(idxListType &idxlist,int i,HString wd);
```

```
//在索引表 idxlist 的第 i 项上插入关键字 wd,并初始化书号索引为空链表
void Append(LinkList &bnolist,LNode*p);
//在存放书号索引链表 bnolist 中插入新的结点,按书号升序排序
int InsertBook(idxListType &idxlist,int i,int bno);
//在索引表 idxlist 第 i 项中插入书号为 bno 的索引
int InsertIndexToList(idxListType &idxlist,int bno);
//将书号为 bkno 的书名关键字插入按词表顺序插入索引表 indexList 中
```

4. 参考源代码

```
int StrAssign(HString &T,char* chars)
   //生成一个值等于串常量 chars 的串 T
   {  char* c;
      int i;
      if(T.ch)
            free(T.ch);
      for( i=0,c=chars;*c!='\0';++i,++c);
         //求 chars 的长度
         if(!(T.ch=(char*)malloc((i+1)*sizeof(char))))
              //分配存储空间
              return 0;
         for(int k=0;k<i;k++)
         {
              T.ch[k]=chars[k];
         }
         T.length=i;
         T.ch[k]='\0';
         return 1;
}

int StrCompare(HString s,HString t)
//比较字符串 s 与 t,若 s>t,返回值>0,若 s=t,返回值=0,若 s<t,返回值<0
{
    for(int i=0;i<s.length && i<t.length;++i)
    {
         if(s.ch[i]!=t.ch[i])
          return(s.ch[i]-t.ch[i]);
    }
    return(s.ch[i]-t.ch[i]);
}

void InitIdxList(idxListType &idxlist)   //初始化索引表
```

```
{
    int i;
    char blankString[1];
    blankString[0]='\0';
    //置空表
    idxlist.last=0;
    idxlist.item[0].bnolist=NULL;
    idxlist.item[0].key.ch=NULL;
    StrAssign(idxlist.item[0].key,blankString);
    //idxlist.item[0]设置为空串
    idxlist.item[0].key.length=0;
    for(i=1;i<MaxKeyNum+1;i++)
    {//初始化
        idxlist.item[i].bnolist=NULL;
        idxlist.item[i].key.ch=NULL;
        idxlist.item[i].key.length=0;
    }
}

void GetLine(FILE *f)  //从书目文件 f 中读取书目信息
{
    buf=new char[MaxLineLen+1];
    fgets(buf,MaxLineLen,f);
    printf("%s",buf);
}

int  ExtractKeyWord(char* Buffer,WordListType &w,int &Num)
//提取书名关键字到词表,书号存入 bkno
{
    int i=0,j=0,k=0;
    bool Ignore;
    char TempChar[30];
    char IgnoreChar[7][10]={"to","of","the","and","not","or","if"};   //非关键字表
    w.last=0;
    while(*(Buffer+i)!=' ')  //分离书号
    {
        TempChar[i]=*(Buffer+i);
        i++;
    }
    i++;
    TempChar[i]='\0';
    Num=atoi(TempChar);  //字符串转换成整数
```

```
        while(*(Buffer+i)!='\n' &&*(Buffer+i)!='\0')
        {
            if(*(Buffer+i)!=' ')  //不是空格字符时
            {
                if(*(Buffer+i)>='A' &&*(Buffer+i)<='Z')  //如果是字母转换成小写
                    *(Buffer+i)-='A'-'a';
                w.item[j][k]=*(Buffer+i);
                k++;
                i++;
            }
            else  //空格字符时
            {
            Ignore=false;
            w.item[j][k++]='\0';
            for(int m=0;m<7;m++)  //判断是否为非关键字
                if(strcmp(w.item[j],IgnoreChar[m])==0)
                {
                    Ignore=true;
                    break;
                }
                if(!Ignore)  //非关键字
                {   printf("\n%s",w.item[j]);
                    j++;
                    k=0;
                    i++;
                    w.last++;
                }
                else
                {
                    k=0;
                    i++;
                }
            }
        }
        return 1;
}

void printWordList(WordListType w)
//输出词表 w 中所有的关键字
{
        int i;
        for(i=0;i<w.last;i++)
```

```
        {
         printf("\n%s\t",w.item[i]);
        }
}

void printIndexList(idxListType  idxlist)
//输出关键词索引表 idxlist 中的所有关键字
{   int i;
    LNode*p;
    for(i=1;i<=idxlist.last;i++)
    {
        printf("\n%s\t",idxlist.item[i].key.ch);
        for(p=idxlist.item[i].bnolist;p;p=p->next)
            printf("%03d\t",p->data);
        }
    }

void GetWord(int  i,HString  &wd)
//返回词表 wd 中第 i 个关键字
{
    char*p;
    p=*(wdlist.item+i);
    StrAssign(wd,p);
}

int Locate(idxListType &idxlist,HString wd,int &b)
//在索引表 idxlist 中查找是否存在与 wd 相同的关键字,若存在,返回在索引表中的位置,
//且 b=1,若不存在,返回插入位置,且 b=0
{
     int i;
     int m;
     for(i=idxlist.last;((m=StrCompare(idxlist.item[i].key,wd))>0);--i);
     if(m==0)  //索引表中存在
     {
         b=1;
         return  i;
     }
     else  //索引表中不存在
     {
         b=0;
         return  i+1;
     }
```

```
}  // Locate

void InsertNewKey(idxListType &idxlist,int i,HString wd)
//在索引表 idxlist 的第 i 项上插入关键字 wd,并初始化书号索引为空链表
{
    int j;
    LNode*p;
    for(j=idxlist.last;j>=i;--j)  //移动索引表关键字
    {
        StrAssign(idxlist.item[j+1].key,idxlist.item[j].key.ch);
        idxlist.item[j+1].key.length=idxlist.item[j].key.length;
        idxlist.item[j+1].bnolist=idxlist.item[j].bnolist;
    }
    StrAssign(idxlist.item[i].key,wd.ch);
    idxlist.item[i].bnolist=NULL;
     //初始化第 i 个索引为空链表
    ++idxlist.last;
}

void Append(LinkList &bnolist,LNode *p)
//向存放书号的索引链表 bnolist 中插入新的结点,按书号升序排序
{
    LNode*q;
    LNode*t;
    q=bnolist;
    if(q==NULL)  //空表直接插入
    {
        q=p;
        p->next=NULL;
        bnolist=p;
    }
    else
    {
        while(q!=NULL && q->data<p->data)  //查找插入位置
        {
            t=q;
            q=q->next;
        }
        if(q==bnolist)  //成为首结点
        {
            p->next=q;
            q=p;
```

```
            }
            else  //插入
            {
                p->next=t->next;
                t->next=p;
            }
        }
}

int InsertBook(idxListType &idxlist,int i,int bno)
//在索引表 idxlist 第 i 项中插入书号为 bno 的索引
{
    LNode*p;
    if(p=(LNode*)malloc(sizeof(LNode)))
    //为索引项分配存储空间
    {
        p->data=bno;
        Append(idxlist.item[i].bnolist,p);
            return 1;
    }
    else
            return 0;
    }  // InsertBook

int   InsertIndexToList(idxListType &idxlist,int bno)
//将书号为 bkno 的书名关键字插入按词表顺序插入的索引表 indexList 中
{
    int i,j;
    HString wd;
    wd.ch=NULL;
    int b;
    for(i=0;i<wdlist.last;i++)
    {
         GetWord(i,wd);
         j=Locate(idxlist,wd,b);
        //查找词表中的第 i 个关键字在索引表中是否存在
         if(!b)  //若不存在
         InsertNewKey(idxlist,j,wd);  //插入新关键字
         InsertBook(idxlist,j,bno);
           //在索引表 idxlist 第 j 项中插入书号为 bno 的索引
    }
    return 1;
```

```
}

int PutText(FILE *IdxFile,idxListType idxlist)
//将生成的索引表 idxlist 输出到文件 idxFile 中
{
    int i,j,k;
    LNode* p;
    for(i=1;i<=idxlist.last;i++)
    {
        for(j=0;j<idxlist.item[i].key.length;j++)
            putc(*(idxlist.item[i].key.ch+j),IdxFile);
        putc('\t',IdxFile);
        if(idxlist.item[i].key.length<8)
            putc('\t',IdxFile);
        for(p=idxlist.item[i].bnolist;p;p=p->next)
        {
            fprintf(IdxFile,"%03d",p->data);
            putc('  ',IdxFile);
        }
        putc('\n',IdxFile);
    }
    return  1;
}

void main()  //主函数
{
    int i;
    idxListType idxlist;
    FILE*f,*g;
    for(i=0;i<=MaxKeyNum;i++)
    {
        wdlist.item[i]=new char[20];
    }
    int Num;  //定义书号
    if(f=fopen("bookinfo.txt","r"))
    {
        if(g=fopen("bookindex.txt","w"))
        {
            InitIdxList(idxlist);  //初始化索引表
            printf("读入的书目信息如下:\n");
            while(!feof(f))
            {
```

```
                GetLine(f);  //从文件 f 中读取一个书目信息到 buf
                ExtractKeyWord(buf,wdlist,Num);
                //从 buf 提取关键字到词表,Num 中保存词表
                InsertIndexToList(idxlist,Num);
                //将书号 Num 关键词插入索引表
            }
            PutText(g,idxlist);
            //将索引表 idxlist 写入文件 g 中
        }
    }
    printf("\n建立的索引表如下:");
    printIndexList(idxlist);  //输出索引表
    printf("\n");
}
```

5. 运行测试

建立一个名称为 bookinfo 的文本文件,输入如下书目信息,要求每行一条书目信息,每个单词后要求有空格分隔。

```
005 Computer Data Structures
010 Introduction to Data Structures
023 Fundamentals of Data Structures
034 The Design and Analysis of Computer Algorithms
050 Introduction to Numerical Analysis
067 Numerical Analysis
```

运行以上程序,生成一个名称为 bookindex 的文本文件,其中保存生成的关键词索引表。

第三篇　课程设计

1. 数据结构课程设计概述

1）课程设计过程简介

本课程是对学生进行软件设计的综合训练，包括问题分析、总体设计、用户界面设计、程序设计基本技能和技巧，多人合作，编制模拟解决问题的综合程序，对学生进行软件工作规范的训练和科学作风的培养。在《数据结构实验》中，完成的只是单一而“小”的算法，而本课程设计是对学生整体编程能力的锻炼。在课程设计过程中，应该遵循软件工程的思想，按软件工程的流程来指导学生编程工作的开展。软件项目的开发要遵循软件工程的标准，这样才能提高软件开发的效率，减少软件开发与维护中的问题。

(1) 问题的定义。

依据市场调查，分析客户需求，提出问题。明确项目的名称、背景、开发该系统的现状、目标等。

(2) 可行性研究。

可行性研究的目的是用最小的代价在尽可能短的时间内确定问题是否能够解决。也就是说可行性研究的目的不是解决问题，而是确定问题是否值得去解，研究在当前的具体条件下，开发新系统是否具备必要的资源和其他条件。一般来说，应从经济可行性、技术可行性、运行可行性、法律可行性和开发方案可行性等方面进行研究。可行性研究需要的时间长短取决于工程的规模。

(3) 可行性研究的步骤。

① 确定系统规模和目标。

② 分析目前正在使用的系统。

③ 设计出新系统的高层逻辑模型。

④ 评审系统模型。

⑤ 设计和评价供选择的方案。

⑥ 推荐一个方案并说明理由。

⑦ 制定行动方针。

⑧ 拟定开发计划并书写计划任务书。

⑨ 编制可行性报告并提交审查。

2）需求分析

(1) 需求分析的任务。

需求分析是软件定义时期的最后一个阶段，它的基本任务是准确地回答“系统必须做什么？”这个问题。需求分析所要做的工作是深入描述软件的功能和性能，确定软件设计的限制和软件同其他系统元素的接口细节，定义软件的其他有效性需求。

通常软件开发项目是要实现目标系统的物理模型，即确定待开发软件系统的系统元素，并将功能和数据结构分配到这些系统元素中。它是软件实现的基础。

需求分析的任务不是确定系统如何完成它的工作，而是确定系统必须完成哪些工作，也就是对目标系统提出完整、准确、清晰、具体的要求。在这个阶段结束时交出的文档应该包括详细的数据流图(DFD)、数据字典(DD)和一组简明的算法描述。

需求分析阶段的任务包括下述几方面。

① 确定目标系统的具体要求。

确定系统的运行环境要求,系统的性能要求,系统功能。

② 分析系统的数据需求。

分析系统的数据需求是由系统的信息流归纳抽象出数据元素组成、数据的逻辑关系、数据字典格式和数据模型。并以输入/处理/输出(IPO)的结构方式表示。因此,必须分析系统的数据需求,这是软件需求分析的一个重要任务。

③ 建立目标系统的逻辑模型。

就是在理解当前系统需要"怎样做"的基础上,抽取其"做什么"的本质。

④ 修正系统开发计划。

⑤ 建立原型系统。

⑥ 编写软件需求规格说明书及评审。

(2) 需求分析的方法。

结构化分析方法(简称 SA 方法),就是面向数据流自顶向下逐步求精进行需求分析的方法。

(3) 需求分析的过程或步骤。

① 调查研究。

② 描述和分析系统的逻辑模型。

应注意下述两条原则:第一,在分层细化时必须保持信息连续性,也就是说细化前后对应功能的输入/输出数据必须相同;第二,当进一步细化将涉及如何具体地实现一个功能时,也就是当把一个功能进一步分解成子功能后,并将考虑为了完成这些子功能而写出其程序代码时,就不应该再分解了。

③ 编制文档。

在这个阶段应该完成下述 4 种文档资料:

a. 系统规格说明——用比较形式化的术语和表示对软件功能构成的详细描述,作用是:技术合同说明;设计和编码的基础;测试和验收的依据。

b. 数据要求——数据结构、数据域、数据精度。

c. 用户系统描述。

d. 修正的开发计划。

④ 需求分析审查。

(4) 需求分析的原则。

① 必须能够表达和理解问题的数据域和功能域。

② 按自顶向下、逐层分解问题。

③ 要给出系统的逻辑视图和物理视图。

3) 总体设计

(1) 概要设计任务。

① 系统分析员审查软件计划、软件需求分析提供的文档,提出候选的最佳推荐方案。

用系统流程图,组成系统物理元素清单、成本效益分析、系统的进度计划,供专家审定,审定后进入设计。

② 确定模块结构,划分功能模块,将软件功能需求分配给所划分的最小单元模块。确定模块间的联系,确定数据结构、文件结构、数据库模式,确定测试方法与策略。

③ 编写概要设计说明书、用户手册、测试计划,选用相关的软件工具来描述软件结构,结构图是经常使用的软件描述工具。选择分解功能与划分模块的设计原则,例如模块划分独立性原则、信息隐蔽原则等。

④ 概要设计后转入详细设计(又称过程设计或算法设计)。其主要任务是,根据概要设计提供的文档,确定每一个模块的算法、内部的数据组织,选定工具和清晰正确的算法。编写详细设计说明书、详细测试用例与计划。选用确定程序复杂程度的程序图,算法流程图的表述工具,如 PAD 图,N-S 图等。

(2) 概要设计的过程。

在概要设计过程中要先进行系统设计,复审系统计划与需求分析,确定系统具体的实施方案;然后进行结构设计,确定软件结构。一般步骤如下。

S1:设计系统方案;

S2:选取一组合理的方案;

S3:推荐最佳实施方案;

S4:功能分解;

S5:软件结构设计;

S6:数据库设计、文件结构的设计;

S7:制定测试计划;

S8:编写概要设计文档;

S9:审查与复审概要设计文档。

4) 详细设计

(1) 详细设计的任务。

详细设计的目的是为软件结构图(SC 图或 HC 图)中的每一个模块确定使用的算法和块内数据结构,并用某种选定的表达工具给出清晰的描述。

这一阶段的主要任务:

① 为每个模块确定采用的算法,选择某种适当的工具表达算法的过程,写出模块的详细过程性描述。

② 确定每一模块使用的数据结构。

③ 确定模块接口的细节,包括对系统外部的接口和用户界面,对系统内部其他模块的接口,以及模块输入数据、输出数据及局部数据的全部细节。

在详细设计结束时,应该把上述结果写入详细设计说明书,并且通过复审形成正式文档。作为交付给下一阶段(编码阶段)的工作依据。

④ 要为每一个模块设计出一组测试用例,以便在编码阶段对模块代码(即程序)进行预定的测试,模块的测试用例是软件测试计划的重要组成部分,通常应包括输入数据、期望输出等内容。

（2）详细设计的原则。

① 由于详细设计的蓝图是给人看的，所以模块的逻辑描述要清晰易读、正确可靠。

② 采用结构化设计方法，改善控制结构，降低程序的复杂程度，从而提高程序的可读性、可测试性、可维护性。其基本内容归纳为如下几点：

a. 程序语言中应尽量少用 GOTO 语句，以确保程序结构的独立性。

b. 使用单入口单出口的控制结构，确保程序的静态结构与动态执行情况相一致，保证程序易理解。

c. 程序的控制结构一般采用顺序、选择、循环三种结构来构成，确保结构简单。

d. 用自顶向下逐步求精方法完成程序设计。结构化程序设计的缺点是存储容量和运行时间增加 10～20%，但易读易维护性好。

e. 经典的控制结构为顺序，IF THEN ELSE 分支，DO-WHILE 循环。扩展的还有多分支 CASE，DO-UNTIL 循环结构，固定次数循环 DOWHILE。

f. 选择恰当描述工具来描述各模块算法。

（3）详细设计的方法。

详细设计的工具：

① 图形工具。利用图形工具可以把过程的细节用图形描述出来。

② 表格工具。可以用一张表来描述过程的细节，在这张表中列出了各种可能的操作和相应的条件。

③ 语言工具。用某种高级语言（称之为伪码）来描述过程的细节。

5）编码

编码就是把软件设计的结果翻译成计算机可以理解的形式，即用某种程序设计语言书写的程序。本课程设计选用 C 语言实现详细设计。

6）软件测试

（1）测试的原则。

① 测试前要认定被测试软件有错，不要认为软件没有错。

② 要预先确定被测试软件的测试结果。

③ 要尽量避免测试自己编写的程序。

④ 测试要兼顾合理输入与不合理输入数据。

⑤ 测试要以软件需求规格说明书为标准。

⑥ 要明确找到的新错与已找到的旧错成正比。

⑦ 测试是相对的，不能穷尽所有的测试，要据人力物力安排测试，并选择好测试用例与测试方法。

⑧ 测试用例留作测试报告与以后的反复测试用，重新验证纠错的程序是否有错。

（2）软件测试技术。

① 软件测试的目标。

a. 测试是为了发现程序中的错误而执行程序的过程；

b. 好的测试方案是极可能发现迄今为止尚未发现的错误的测试方案；

c. 成功的测试是发现了至今为止尚未发现的错误的测试。

(2) 测试方法。

按照测试过程是否在实际应用环境中来分，有静态分析与动态测试。

测试方法有分析方法(包括静态分析法与白盒法)与非分析方法(称黑盒法)。白盒法是通过分析程序内部的逻辑与执行路线来设计测试用例，进行测试的方法，白盒法也称逻辑驱动方法。黑盒法是功能驱动方法，仅根据 I/O 数据条件来设计测试用例，而不管程序的内部结构与路径如何。白盒法的具体设计程序测试用例的方法有：语句覆盖、分支(判定)覆盖、条件覆盖、路径覆盖(或条件组合覆盖)，主要目的是提高测试的覆盖率。黑盒法的具体设计程序测试用例的方法有：等价类划分法，边界值分析法，错误推测法，主要目的是设法以最少测试数据子集来尽可能多地测试软件程序的错误。

(3) 静态分析技术。

不执行被测软件，可对需求分析说明书、软件设计说明书、源程序做结构检查、流程分析、符号执行来找出软件错误。

(4) 动态测试技术。

当把程序作为一个函数，输入的全体称为函数的定义域，输出的全体称为函数的值域，函数则描述了输入的定义域与输出值域的关系。动态测试的算法有：

① 选取定义域中的有效值，或定义域外无效值。

② 对已选取值决定预期的结果。

③ 用选取值执行程序。

④ 观察程序行为，记录执行结果。

⑤ 将④的结果与②的结果相比较，不吻合则程序有错。

动态测试既可以采用白盒法对模块进行逻辑结构的测试，又可以用黑盒法做功能结构的测试，接口的测试，都是以执行程序并分析执行结果来查错的。

(5) 黑盒测试和白盒测试。

① 黑盒测试法。

黑盒测试法把程序看成一个黑盒子，完全不考虑程序的内部结构和处理过程。黑盒测试是在程序接口进行的测试，它只检查程序功能是否能按照规格说明书的规定正常使用，程序是否能适当地接收输入数据产生正确的输出信息，并且保持外部信息的完整性。黑盒测试又称为功能测试。

② 白盒测试法。

白盒测试法的前提是可以把程序看成装在一个透明的白盒子里，也就是完全了解程序的结构和处理过程。这种方法按照程序内部的逻辑测试程序，检验程序中的每条通路是否都能按预定要求正确工作，白盒测试又称为结构测试。

7) 维护

(1) 软件维护的定义、分类、特点。

人们称在软件运行/维护阶段对软件产品所进行的修改就是维护。

① 结构化维护与非结构化维护的对比。

② 维护的代价。

③ 维护的问题。

(2) 软件维护步骤。

需要经历以下 4 个步骤：

① 分析和理解程序。

② 修改程序。

③ 重新验证程序。

④ 维护组织。

2. 数据结构课程设计实施方案

1) 设计要求

本课程设计是为了配合《数据结构》课程而开设的。目的是通过设计一完整的程序，使学生掌握数据结构的应用、算法的编写。能熟练地将算法转换成 C 程序，具有上机调试的基本能力。为了达到上述目的，要求如下：

(1) 要充分认识课程设计对自己学习软件编程的重要性，认真做好课程设计前的各项准备工作。

(2) 既要虚心接受老师的指导，又要独立思考，充分发挥自己的主观能动性。结合课题，努力钻研，勤于实践，勇于创新。

(3) 独立按时完成规定的工作任务。

(4) 在设计过程中，要严格要求自己，树立严肃、严密、严谨的科学态度，必须按时、按质、按量完成课程设计。

(5) 小组成员之间要分工明确，但要保持联系畅通，密切合作，培养良好的互相帮助和团队协作精神。

2) 适用专业

计算机科学与技术、电子信息工程等理工科各专业。

3) 课程设计的一般步骤

课程设计大体分 5 个阶段：

(1) 选题与搜集资料：每人选择一题(或 2～3 人为一小组进行选题)，进行课程设计课题的资料搜集。

(2) 分析与概要设计：根据搜集的资料，进行程序功能与数据结构分析，并选择合适的数据结构，在此基础上进行实现程序功能的算法设计。

(3) 程序设计：运用 C 语言编写程序，实现程序的各个模块功能。

(4) 调试与测试：自行调试程序，成员交叉测试程序，并记录测试情况。

(5) 课程设计报告：编写课程设计报告。

4) 本课程设计内容与要求

掌握课程设计的每个步骤，在此基础上设计出所要求的数据结构、功能模块和完整的主程序。

(1) 完整的问题描述。

(2) 程序所要完成的基本要求。

(3) 算法实现提示(算法思想)。

(4) 程序实现(算法实现)。

5) 上机任务

(1) 选择合适的数据结构,并定义数据结构的结构体。

(2) 根据程序所要完成的基本要求和程序实现提示,设计出完整的算法。

(3) 设计出主程序(main 函数),使其成为完整的程序。

6) 考核方式与成绩评定

课程设计结束,要进行验收与评分。指导教师对每个小组所开发的系统及每个成员开发的模块进行综合验收,再结合设计报告,根据课程设计成绩的评定方法,评出课程设计的成绩。设计报告与程序源码作为考核的内容,成绩计分按优,良,中,差 4 级评定。

课程设计一　线性表

本课程设计的主要任务是使用有关线性表的操作来实现管理信息系统的管理。设计的主要目的在于训练初学者的基本编程能力，了解管理信息系统的开发流程。

1.1　通信录管理系统

1. 问题描述

通信录是人们日常生活中经常要用到的通信管理工具，它以文件的方式保存用户录入的数据，并提供查询的功能供用户查询和使用通信录信息。本节介绍用C语言实现的简易通信录管理系统，它支持基本的录入、删除、查找、修改和文件读写功能。如图3-1-1所示。

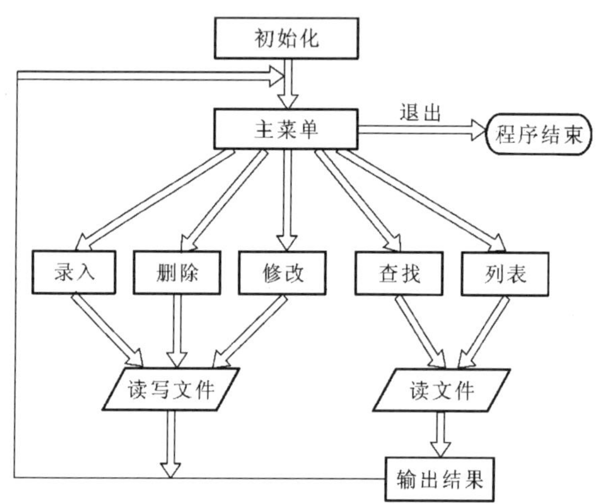

图3-1-1　通信录系统运行示意图

2. 功能描述

通信录要求实现最基本的功能，包括录入、删除、查找和修改，为此需要首先定义记录项的格式，其基本属性包括编号、姓名、性别、住址、联系电话等。整个系统由如下几大功能模块组成：

（1）通信录的建立。该模块主要完成将数据存入数组中的工作。记录可以从文本形式存储的数据文件中读入，也可以从键盘逐个输入记录。

（2）通信录的查询。用户可以按照联系人的姓名或电话号码查询。若找到满足查询条件的记录，则以表格的形式显示出此记录的信息；否则，显示未找到记录的提示信息。

（3）通信录的维护。实现对记录的修改、删除、插入和排序操作。

(4) 通信录的输出。实现屏幕显示和将数组中存储的记录信息写入数据文件中。

3. 设计

1) 程序总体结构

程序主要包括三大模块:输入输出模块、管理模块和文件操作模块。输入输出模块的主要功能是人机交互,包括程序界面显示、用户输入响应、结果输出等;管理模块从输入输出模块读取用户命令并进行相应的操作,包括录入、删除、修改、查找、列表等;文件操作模块获取管理模块中的数据或命令,然后进行存储文件的读写,最后将结果返回给管理模块。

2) 界面设计

程序的主界面是一个文本方式的菜单,用户通过键盘输入数字,选取相应的操作指令。

3) 数据结构设计

通信录中的记录项用结构体 telebook 表示,包含 4 个属性。num 属性是记录项的唯一编号,name、phonenum、address 分别代表用户的姓名、联系电话和地址。

```
typedef struct telebook
{
    char num [4];
    char name [10];
    char phonenum [15];
    char address [20];
} TELEBOOK;
```

4) 功能函数设计

通信录程序采用了结构化程序设计的思想。程序中除了主函数外,共设计了 12 个函数。

(1) printheader( )

函数原型:void printheader( )

功能:用于在以表格形式显示记录时,打印输出表头信息。

(2) printdata( )

函数原型:void printdata(TELEBOOK pp)

功能:用于在以表格形式显示记录时,打印输出单个数组元素 pp 中的记录信息。

(3) Disp( )

函数原型:void Disp(TELEBOOK temp[ ],int n)

功能:用于显示 temp 数组中存储的 n 条记录,内容为 telebook 结构中定义的内容。

(4) stringinput( )

函数原型:void stringinput(char * t, int lens, char * notice)

功能:stringinput( )函数用于输入字符串,并进行字符串长度验证(长度<lens),t 用于保存输入的字符串,因为是以指针形式传递的,所以 t 相当于该函数的返回值。notice 用于保存 printf()中输出的提示信息。

(5) Locate( )

函数原型:int Locate(TELEBOOK temp[],int n,char findmess[],char nameorphonenum[])

功能:Locate()函数用于单位数组中符合要求的元素,并返回该数组元素的下标值。参数 findmess[]保存要查找的家庭内容,nameorphonenum[]表示按姓名或电话号码字段在数组 temp 中查找。

(6) Add( )

函数原型:int Add(TELEBOOK temp[],int n)

功能:Add()函数用于在数组 temp 中增加电话簿记录,并返回数组中的当前记录数。

(7) Qur( )

函数原型:void Qur(TELEBOOK temp[],int n)

功能:Qur()函数用于在数组 temp 中按姓名或电话号码查找满足条件的记录,并显示出来。

(8) Del( )

函数原型:int Del(TELEBOOK temp[],int n)

功能:Del()函数用于在数组 temp 中找到满足条件的记录,然后删除该记录。

(9) Modify( )

函数原型:void Modify(TELEBOOK temp[],int n)

功能:Modify()函数用于在数组 temp 中修改记录。

(10) Insert( )

函数原型:int Insert(TELEBOOK temp[],int n)

功能:Insert()函数用于在数组 temp 中插入记录,并返回数组中的当前记录数。

(11) SelectSort( )

函数原型:void SelectSort(TELEBOOK temp[],int n)

功能:SelectSort()函数用于在数组 temp 中完成利用选择排序算法实现数组的升序排序。

(12) Save( )

函数原型:void Save(TELEBOOK temp[],int n)

功能:Save()函数用于将保存联系人电话簿的数组 temp 中的 n 个元素写入磁盘的数据文件中。

4. 程序实现

为节省篇幅,这里仅列出了函数名称(见“精品课程”网页)。读者只需按如下顺序输入程序,即可进行编译,调试,运行。

1) 程序预处理

包括加载头文件,定义结构体,常量和变量,并对它们进行初始化。

2) 主菜单界面

用户进入电话簿管理系统时,显示主菜单,提示用户进行选择,完成相应任务。

在此处输入函数 void menu() 的源代码。

3) 表格形式显示记录

由于显示操作经常进行,为减少代码的重复输入,这部分编程函数供程序调用。源代码编辑过程如下。

① 输入函数 void printheader( );

② 输入函数 void printdata(TELEBOOK pp);

③ 输入函数 void Disp(TELEBOOK temp[],int n);

④ 输入函数 void Wrong( ),功能是输出按键错误信息;

⑤ 输入函数 void Nofind( ),功能是输出未查找此记录的信息。

4) 记录查找定位

输入函数 int Locate(TELEBOOK temp[], int n, char findmess[], char nameorphonenum[])。

作用:用于定位数组中符合要求的记录,并返回保存该记录的数组元素下标值。

参数:findmess[]保存要查找的具体内容;nameorphonenum[]保存按什么在数组中查找。

5) 格式化输入数据

输入函数 void stringinput(char * t,int lens,char * notice)。

在此电话簿管理系统中,要求用户输入的只有字符型数据,所以我们设计了下面这个函数来单独处理,并对输入的数据进行检验。调用 stringinput(char * t,int lens,char * notice)函数,它将提示用户输入字符串,并对用户输入的字符串进行长度验证(长度不能小于 lens)。

6) 增加记录

输入函数 int Add(TELEBOOK temp[],int n)。

调用 Add(TELEBOOK temp[],int n)函数,完成在数组 temp 中添加电话簿记录的功能。在刚进入电话簿管理系统时,若默认的数据文件为空,则从头部开始增加记录;否则,将此记录添加在数组的尾部。

7) 查询记录

输入函数 void Qur(TELEBOOK temp[],int n)。

调用 Qur(TELEBOOK temp[],int n)函数,完成在数组 temp 中查询电话簿记录的功能。当用户执行查询任务时,系统会提示用户进行查询字段的选择,即根据联系人姓名或电话号码进行查询。若此记录存在,则会以表格的形式打印输出此条记录信息。

8) 删除记录

输入函数 int Del(TELEBOOK temp[],int n)。

调用 Del(TELEBOOK temp[],int n)函数,完成数组 temp 中删除电话簿记录的功能。在删除操作中,系统会先按用户要求找到该记录元素的下标值,然后从数组中删除该数组元素。

9) 修改记录

输入函数 void Modify(TELEBOOK temp[],int n)。

调用 Modify(TELEBOOK temp[],int n)函数,完成数组 temp 中修改电话簿记录的

功能。在修改记录操作中，系统会先按用户输入的联系人姓名查找到该记录，然后提示用户修改此记录的除编号之外的值，但记录编号不能修改。

10）插入记录

输入函数 int Insert(TELEBOOK temp[],int n)。

调用 Insert(TELEBOOK temp[],int n)函数，完成数组 temp 中插入电话簿记录的功能。在插入记录操作中，系统会先按记录编号查找到要插入的元素的位置，然后在该记录编号之后插入一个新记录。

11）排序记录

输入函数 void SelectSort(TELEBOOK temp[],int n)。

调用 SelectSort(TELEBOOK temp[],int n)函数，它将利用选择排序法在数组 temp 中完成按照记录编号或姓名排序的功能，并打印出排序前和排序后的结果。

12）存储记录

输入函数 void Save(TELEBOOK temp[],int n)。

调用 Save(TELEBOOK temp[],int n)函数，完成存储记录操作。系统会将数组中的数据写入磁盘中的数据文件，若用户对数据有修改后没有专门进行此存盘操作，那么在退出系统时，系统会提示用户是否存盘。

13）输入主函数

最后输入主函数 void main( )。

5. 测试

测试是程序设计中至关重要的一步，测试不是简单地等同于调试。调试的任务是消除程序代码中的错误(bug)使其能顺利运行；测试则更强调软件功能上的正确实现以及是否满足用户需求等。编码完成之后就要进行测试，测试之前首先要制定测试方案，其中包括待测试功能、测试数据以及预期的结果。测试步骤如下。

(1) 依次录入数据 1,2,3,4 将所有记录项列出查看；

(2) 修改数据 2 的信息，重新列出；

(3) 按关键字姓名和电话号码对数据 4 进行查询(结果应分别有一项和两项)；

(4) 删除数据块 3，列出所有记录，检查编号是否已经改动。

本设计测试方案的用例如下。

```
-----------------------TELEPHONE BOOK------------------
        num            name       地址        联系电话
        1              zhang      hubei       13512346666
        2              liu        jiangsu       88881234
        3              zhao       jiangxi       88882345
        4              miao       anhui         88883456
-------------------------------------------------------
```

6. 小结

利用本通信录管理系统可以对个人通信录进行日常维护和管理。需要说明的是该系统功能还很简单。如果需要进一步扩展通信录的功能以及改善交互的友好性，可以应用更多知识（尤其是数据库的知识与方法），使用更高级的工具进行开发。

1.2　学生成绩管理系统（单链表）

1. 问题描述

学生成绩管理系统是学校教学工作中处理学生信息的有力工具。它利用计算机实现了学生成绩信息管理工作的系统化与自动化，提高了工作效率。本节使用单链表存储结构，用C语言实现学生成绩管理系统，它支持基本的录入、删除、查找、修改、统计和文件读写功能。

2. 功能描述

整个系统由如下几大功能模块组成：

(1) 输入记录。学生记录由学生的基本信息和成绩信息字段组成。该模块主要完成将数据存入单链表中的工作。记录可以从二进制形式存储的数据文件中读入，也可以从键盘逐个输入记录。

(2) 查询记录。用户可以按照学生的姓名或学号在单链表中查询。若找到满足查询条件的记录，则返回指向该学生记录的指针；否则，返回值为NULL的空指针，显示未找到记录的提示信息。

(3) 更新记录。实现对记录的修改、删除、插入和排序操作。

(4) 统计记录。完成对各门功课最高分和不及格人数的统计。

(5) 输出记录。实现屏幕显示和将单链表中存储的记录信息写入数据文件中。

3. 设计

1) 主控函数流程图

请读者自己画出，此处略。

2) 界面设计

程序的主界面是一个文本方式的菜单，用户通过键盘输入数字，选取相应的操作指令。

3) 数据结构设计

(1) 学生成绩信息结构体。

结构体student用于存储学生的基本信息，作为单链表的数据域。

```
typedef struct student
{
    char num [10];
    char name [15];
    int cgrade;
    int mgrade;
```

```
        int egrade;
        int total;
        float ave;
        int mingci;
    };
```

(2) 单链表 node 结构体。next 为单链表的指针域。

```
    typedef struct node
    {
        struct student data;
        struct node* next;
    }Node,*Link;
```

4) 功能函数设计

程序中除了主函数外,共设计了 12 个函数。

(1) printheader( )

函数原型 void printheader( )

功能:用于在以表格形式显示记录时,打印输出表头信息。

(2) printdata( )

函数原型 void printdata(Node * pp)

功能:用于在以表格形式显示记录时,打印输出单链表 pp 中的记录信息。

(3) Disp( )

函数原型 void Disp(Link l)

功能:用于显示单链表 l 中存储的学生记录,内容为 student 结构中定义的内容。

(4) stringinput( )

函数原型 void stringinput(char * t,int lens, char * notice)

功能:stringinput()函数用于输入字符串,并进行字符串长度验证(长度<lens),t 用于保存输入的字符串,因为是以指针形式传递的,所以 t 相当于该函数的返回值。notice 用于保存 printf()中输出的提示信息。

(5) Locate( )

函数原型 Node * Locate(Link l,char findmess[],char nameornum[])

功能:Locate()函数用于定位链表中符合要求的结点,并返回该结点的指针。参数 findmess[]保存要查找的具体内容,nameorphonenum[]表示按字段在单链表 l 中查找。

(6) Add( )

函数原型 void Add(Link l)

功能:Add()函数用于在单链表 l 中增加学生记录。

(7) Qur( )

函数原型 void Qur(Link l)

功能:Qur()函数用于在单链表 l 中按姓名或学号查找满足条件的记录,并显示出来。

(8) Del( )

函数原型 void Del(Link l)

功能:Del()函数用于在单链表l中找到满足条件的记录,然后删除该记录。

(9) Modify( )

函数原型 void Modify(Link l)

功能:Modify()函数用于在单链表l中修改记录。

(10) Tongji( )

函数原型 void Tongji(Link l)

功能:Tongji( )用于在单链表1中统计总分第一名、单科第一名和各科不及格人数。

(11) Numberinput( )

函数原型 int Numberinput(char * notice)

功能:Numberinput( )函数用于输入数值型数据,notice用于保存printf()中输出的提示信息,该函数返回用户输入的整型数据。

(12) Insert( )

函数原型:void Insert(Link l)

功能:Insert()函数用于在单链表l中插入记录。

(13) Sort( )

函数原型 void Sort(Link l)

功能:Sort()函数用于在单链表l中利用插入排序算法实现单链表按总分字段的降序排序。

(14) Save( )

函数原型 void Save(Link l)

功能:Save()函数用于将单链表l中的数据写入磁盘的数据文件中。

4. 程序实现

为节省篇幅,这里仅列出了函数名称(见“精品课程”网页)。读者只需按如下顺序输入程序,即可进行编译,调试,运行。

1) 程序预处理

包括加载头文件,定义结构体,常量和变量,并对它们进行初始化。

2) 主菜单界面

用户进入通信录管理系统时,显示主菜单,提示用户进行选择,完成相应任务。

在此处输入函数 void menu() 的源代码。

3) 表格形式显示记录

由于显示操作经常进行,为减少代码的重复输入,这部分编程函数供程序调用。用于显示单链表l中存储的学生记录,内容为student结构中定义的内容。源代码编辑过程如下。

① 输入函数 void Disp(Link l);

② 输入函数 void printdata(Node * pp);

③ 输入函数 void printheader(TELEBOOK temp[],int n);

④ 输入函数 void Wrong( ),功能是输出按键错误信息;

⑤ 输入函数 void Nofind( ),功能是输出未查找此记录的信息。

4）记录查找定位

输入函数 Node * Locate(Link l,char findmess[],char nameornum[])

作用：用于定位链表中符合要求的结点，并返回指向该结点的指针。

参数：findmess[]保存要查找的具体内容；nameornum[]保存按什么字段在 Link l 中查找。

5）格式化输入数据

在此学生成绩管理系统中，要求用户输入的只有字符型和数值型数据，所以我们设计了下面这个函数来单独处理，并对输入的数据进行检验。

输入函数 void stringinput(char * t,int lens,char * notice)；

输入函数 int numberinput(char * notice)。

调用 void stringinput(char * t,int lens,char * notice)函数，它将提示用户输入字符串，并对用户输入的字符串进行长度验证（长度不小于 lens）。

6）增加记录

输入函数 int Add(Link l)。

在刚进入成绩管理系统时，若默认的数据文件为空，则从头部开始增加记录；否则，将此记录添加在数组的尾部。

7）查询记录

输入函数 void Qur(Link l)。

当用户执行查询任务时，系统会提示用户进行查询字段的选择，即根据联系人姓名或学号进行查询。若此记录存在，则会以表格的形式打印输出此条记录信息。

8）删除记录

输入函数 void Del(Link l)。

在删除操作中，系统会先按用户要求找到该记录的结点，然后从 Link l 中删除该结点。

9）修改记录

输入函数 void Modify(Link l)。

在修改记录操作中，系统会先按用户输入的学号查找到该记录，然后提示用户修改此记录的除学号之外的值，但学号不能修改。

10）插入记录

输入函数 void Insert(Link l)。

在插入记录操作中，系统会先按记录编号查找到要插入的结点的位置，然后在该学号之后插入一个新结点。

11）统计学生成绩

输入函数 void Insert(Link l)。

统计总分第一名、单科第一名和各科不及格人数，并显示统计结果。

12）排序记录

输入函数 void Sort(Link l)。

调用 Sort( )函数，它将利用插入排序法实现单链表的按照总分字段降序排列的功能，并打印出排序前和排序后的结果。

13) 存储记录

输入函数 void Save(Link l)。

系统会将数组中的数据写入磁盘中的数据文件,若用户对数据有修改后没有专门进行存盘操作,那么在退出系统时,系统会提示用户是否存盘。

14) 输入主函数

最后输入主函数 void main( )。

5. 测试

本设计测试方案的用例如下。

```
-------------------------STUDENT----------------------------
num      name     Comp     Math     Eng      sum     ave      mingci
1        zhang    79       78       72       229     76.00    0
2        liu      77       45       67       189     63.00    0
3        zhao     88       99       90       277     92.00    0
4        miao     75       89       90
-----------------------------------------------------------
```

(1) 依次录入数据 1,2,3,4 将所有记录项列出查看;

(2) 修改数据 2 的信息,重新列出;

(3) 按关键字姓名和学号对数据 4 进行查询(结果应分别有一项和两项);

(4) 删除数据块 3,列出所有记录,检查编号是否已经被改动;

(5) 查询不及格人数;

(6) 按总分降序显示名次。

6. 小结

利用学生成绩管理系统可以对学生成绩进行日常维护和管理。需要说明的是该系统功能还很简单。如果需要进一步扩展功能以及改善交互的友好性,可以应用更多知识(尤其是数据库知识)、使用更高级的工具进行开发。

1.3 实训项目

1. 电子投票系统

本系统最多 4 人一组,按模块分工进行设计。功能需求描述如下:

1) 投票人主要功能模块

(1) 投票人的投票方式:在系统提示符下输入要选举的候选人编号,即可完成投票。

(2) 投票人了解候选人的方式:浏览候选人列表、输入序号查询候选人介绍。

2) 管理员的主要功能模块

(1) 初始化候选人信息:在系统投入使用前先将需要投票选举的候选人信息录入系统中,以便投票和查看。这个功能由管理员完成。管理员的初始化工作就是将候选人的序号、姓名和简介等录入系统。

(2) 浏览候选人简介：为随时掌握候选人的信息，以便进行修改，管理员有权浏览候选人简介。浏览的顺序按照候选人序号即可。

(3) 修改候选人简介：当系统更新或候选人信息有所变化时，输入候选人序号对其信息进行修改。

(4) 查询投票情况：管理员有权查询当前各个候选人得票情况，以便得出最终被选出的候选人信息。

(5) 清除投票信息：当投票工作结束后，管理员选择清除投票信息即清除系统中所有候选人的票数，使之归零。

(6) 安全管理：管理员可以对投票人进行管理，投票人只有用管理员规定的用户名和密码才能进入系统进行投票。管理员还可以更改用户名、密码和权限，并对投票人信息进行增加、删除、查询、排序和初始化等操作。

2. 家庭财务管理系统

家庭财务管理系统软件是为用户进行家庭成员的收支构成及信息管理进行辅助的应用软件。功能描述如下。

1) 用户登录

系统用获取的家庭成员用户名和密码判断该家庭成员能否登录系统，并且当用户登录后根据权限判断该家庭成员是家长还是普通成员，可以使用对应功能。普通级别的用户只有浏览权限而不能进行实质性改动。

2) 给家庭成员提供功能选择界面

不同级别的家庭成员对应不同的功能选择界面。功能选择界面包括输入功能选项、调用相应程序两大需求。管理员和普通用户对应的功能选择界面是不同的。

3) 创建收支选项文件

用户根据提示输入家庭成员的序号、姓名、各项财务信息，如收入、支出、合计。可一次性输入多条家庭成员的收支信息。系统将家庭成员收支信息记录存储在系统磁盘中，以便进行管理、查找和备份。

4) 增加家庭成员收支信息

可在原有收支信息的基础上增加新的家庭成员财务信息记录，保存且磁盘，将增加后的文件存储状态显示给用户。在增加新家庭成员收支记录的过程中，系统提示输入收入、支出两个财务构成项，最终合计，要求系统主动计算获得，并同样作为财务构成项存入文件对应的记录中。

5) 删除家庭成员收支信息

提示用户输入要进行删除操作的家庭成员序号，如果在文件中有该家庭成员的收支信息存在，则将该序号所对应的姓名、序号、各种收入构成等在对应文件中加以删除. 由系统提示是否继续删除操作，让家长可多次进行删除操作。

6) 修改家庭成员收支信息

提示用户输入要进行修改操作的家庭成员序号，如果在文件中有该家庭成员的收支信息操作,则提示用户输入该序号对应的家庭成员姓名、收入和支出构成等相应修改的选项,并将修改结果存储于文件中。该部分需求也要提示用户选择是否进行进行修改操作。修改操作中的合计部分,也需要由系统修改后的收入、支出项目自动计算修改后的合计财务数额,并连同用户输入的其他修改项一起存入磁盘文件中。

7) 查询家庭成员财务情况

分为根据姓名和序号查询两个具体需求,分别提示用户输入要查询家庭成员信息的序号或姓名,如果在磁盘文件中有相对应的家庭成员财务信息,则提示用户已找到,并逐项列出对应家庭成员的收支状况。在该功能中,也需提示用户是否需要继续查找,如果不再继续查找,则返回主界面。

8) 家庭成员收支排行浏览

该项需求要求根据家庭成员的合计项进行排行,以便用户对家庭成员输入状况有较为直观方便的了解。由于在磁盘存储的家庭成员收支文件可能有多个,所以提示用户要浏览的具体文件名,然后根据合计项从大到小进行排列,显示家庭成员号、姓名及各项财务构成。

9) 家庭成员管理

家长对普通家庭成员的管理也需要进行家庭成员的创建、增加、删除、修改和浏览。家长创建的家庭成员记录存储在名为 yonghu 的磁盘文件中,每当有家庭成员登录系统时,系统都会根据该文件中的用户名和密码进行核实判断,用户才能顺利登录。家长还具有增加新家庭成员的功能。新增家庭成员的登录名、密码及权限等也被继续存储在用户文件中。当某些家庭成员不再使用该系统时,还可以进行删除操作,并且家长具有修改家庭成员权限的功能。

3. 航空客运订票系统

1) 问题描述

航空客运订票的业务活动包括:查询航线和客票预定的信息、客票预定和办理退票等。设计一个计算机程序,使上述任务能借助计算机来完成。

2) 系统必须存储的数据信息

① 航线信息(9 个):飞机抵达城市、航班号、飞机号、起降时间、航班票价、票价分析、总位置和剩余位置、已订票的客户名单。

② 客户信息(3 个):客户姓名、证件号、座位号。

3) 系统能实现的操作和功能

(1) 承办订票业务。根据客户提出的要求(飞机抵达城市、起降时间、订票数量)查询该航班信息(包括票价、折扣和剩余位置),若满足要求,则为客户办理订票手续,输出座位号。

(2) 查询功能。

① 查询航线信息:根据降落地点,输出航班号、飞机号、起降时间、航班票价、票价折扣和剩余位置等信息。

② 查询客户预订信息:根据客户证件号,输出航班号、房间号和座位等信息。

课程设计二　栈和队列

2.1 停车场管理系统

1. 问题描述

设停车场只有一个可停放几辆汽车的狭长通道，且只有一个大门可供汽车进出，汽车在停车场内按车辆到达的先后顺序依次排列，若车场内已停满几辆汽车，则回来的汽车只能在门外的便道上等候，一旦停车场有车开走，则排在便道上第一辆车即可进入；当停车场内某辆车要离开时，由于停车场是狭长的通道，在它之后开入的车辆必须先退出车场为它让路，待该车离开大门，为它让路的车辆再按原次序进入车场。在这里假设汽车不能从便道开走，设计一个停车场模拟管理程序。为了以下描述的方便，停车场用“停车位”进行叙述，停车场的便道用“便道”进行叙述。

2. 数据结构设计

(1) 为了便于区分每辆汽车并了解每辆汽车当前所处的位置，需要记录汽车的牌照号码和汽车的当前状态，所以为汽车定义一个新的类型 CAR，具体定义如下：

```
typedef struct
{
    char *license_plate;        //汽车牌照号码,定义为一个字符指针类型
    char state;                 //汽车当前的状态,字符 s 不是停放在停车位上
                                //字符 p 表示停放在便道上,每辆车的初始状态用字符 i 表示
} CAR
```

(2) 由于车位是一个狭长的通道，所以不允许两辆车同时进入停车位，当有车到来要进入停车位的时候要顺次停放，当某辆车要离开时，比它后到的车要先暂时离开停车位，而且越后到的车就越先离开停车位，显然这和栈的“后进先出”特点相吻合，所以可以用一个栈来描述停车位。

由于停车位只能停放有限的几辆车，而且为了便于停车场管理，要为每个车位分配一个固定的编号，不妨设为 1、2、3、4、5(可利用数组的下标)，分别表示停车位的 1 车位、2 车位、3 车位、4 车位、5 车位，针对这种情况使用一个顺序栈比较方便，具体定义如下：

```
#define MAX_STOP 5
typedef struct
{   CAR STOP[MAX_STOP];        //各汽车信息的存储空间
    int top;                   //用来指示栈顶位置的静态指针
}   STOPPING;
```

(3) 当停车场的停车位上都已经停满了汽车,又有新的汽车到来时要把它调度到便道上,便道上的车辆要按照进入便道的先后顺序顺次停放在便道上,为便道上的每个位置也分配一个固定的编号,当有车从停车位离开后,便道上的第一辆汽车就立即进入停车位上的某个车位,由于问题描述中限制了便道上的汽车只能从便道上开走,即便道上的汽车只能在停车位上停放过后才能离开停车位,这样越早进入便道的汽车就越早进入停车位,而且每次进入停车位的汽车都是处于便道“最前面”的汽车,显然,这和队列的“先进先出”特点相合,所以这里使用一个顺序队来描述便道,可以利用数组的下标表示便道的位置。

具体定义如下:

```
#define MAX_PAVE 100        //便道不限制停放车辆的数码,设为足够大
typede struct
{
     CAR PAVE[MAX_PAVE];      //各汽车信息的存储空间
     int front,rear;     //用来指示队头和队尾的静态指针
 }PAVEMENT;
```

(4) 当某辆车要离开停车场的时候,比它后进的停车位的车要为它让路,而且当它开走之后让路的车还要按照原来的停放次序再次进入停车位的某个车位上,为了完成这项功能,再定义一个辅助栈,停车位中让路的车依次“压人”辅助栈,待提出开出的请求的车开走后再从辅助栈的栈顶依次“弹出”到停车位中,对辅助栈也采用栈结构。

具体定义与停车位栈类似,如下:

```
typedep struct
{   CAR BUFFER[MAX_STOP];      //各汽车信息的存储空间
    int top;      //用来指示栈顶位置的静态指针
}   BUFFER;
```

当然,辅助栈直接利用在(2)中定义的类型 STOPPING 也是可以的。

由于程序的个函数要对这些数据结构中的数据进行操作,而且,每次操作的结果都要动态地到以上数据结构中,所以在程序设计的时候使用以上新类型定义的变量都采用全局变量的形式。

3. 功能(函数)设计

(1) 本程序从总体上分为 4 个大的功能模块,分别为:程序功能介绍和操作提示模块、汽车进入停车位的管理模块、汽车离开停车位的管理模块、查看停车场停车状态的管理模块,具体功能描述如下:

① 程序功能介绍与操作提示模块:此模块给出程序欢迎信息,介绍本程序的功能,并给出程序功能所对应的极品操作的提示。

函数原型为 void welcome();

② 汽车进入停车位的管理模块:此模块用来登记停车场的汽车的车牌号和对该车的调度过程并修改该车的状态,其中调度过程要以屏幕信息的形式反馈给用户来指导用户对车辆的调度。例如,当前停车位上 1、2、3 车位分别停放着牌照为 JF001、JF002、JF003

的汽车，便道上无汽车，当牌照为 JF004 的汽车来后屏幕应给出如下提示信息：

牌照为 JF004 的汽车进入停车位的 4 号车位！

按回车键进行程序运行。

函数原型为 void come()；

③ 汽车离开停车位的管理模块：此模块用来为提出离开停车场的车辆作调度处理，并修改相关车辆的状态，其中调度过程要以屏幕信息的形式反馈给用户来指导用户对车辆的调度。当有车离开停车场后应该立刻检查便道上是否有车，如果有车立即让便道上的第一辆车进入停车位。例如，当前停车位上 1,2,3,4,5 车位分别停放着牌照为 JF001，JF002，JF003，JFJ004，JF005 的汽车，便道上的 1,2 位置分别停放着 JF006，JF007 的汽车，当接收到 JF003 要离开的信息时，屏幕应给出如下提示信息：

牌照为 JF005 的汽车暂时退出停车位；

牌照为 JF004 的汽车暂时退出停车位；

牌照为 JF003 的汽车从停车场开走；

牌照为 JF004 的汽车停回停车位的 3 车位；

牌照为 JF005 的汽车停回停车位的 4 车位；

牌照为 JF006 的汽车从便道进入停车位的 5 车位；

按回车键进行程序运行。

函数原型为 void leave()；

此函数还要调用其他对于栈和队列的基本操作。

④ 查看停车场停车状态的查询模块：此模块用来在屏幕上显示停车位和便道上各位置的状态，例如，当前停车位上 1,2,3,4,5 车位分别停放着牌照为 JF001，JF002，JF003，JF004，JF005 的汽车，便道上的 1,2 位置分别停放着牌照为 JF006，JF007 的汽车，当接收到查看指令后，屏幕上显示如下。

停车位的情况：

1 车位——JF001；

2 车位——JF002；

3 车位——JF003；

4 车位——JF004；

5 车位——JF005；

便道上的情况：

1 位置——JF006；

2 位置——JF007；

按回车键进行程序运行。

函数原型为 void display()；

此函数还要调用其他对于栈和队列的基本操作。

(2) 以上 4 个总体功能模块要用到的栈和队列的基本操作所对应的主要函数如表 3-2-1所示。

表 3-2-1 栈和队列的基本操作所对应的函数

函数原型	函数功能
STOPPING * ini t_stopping()	初始化“停车位栈”
BUFFER * ini t_buff()	初始化“辅助栈”
PAVEMENT * ini t_pavement()	初始化“便道队列”
Int car_come(int pos)	将 pos 指定的汽车信息输入“停车位栈”,并修改该车状态
Int car_leave(int pos)	将 pos 指定的汽车信息从“停车位栈”删除,并修改该车状态
Int stop_to_buff(int pos)	将 pos 指定的汽车信息从“停车位栈”移动到“f 辅助栈”
Int buff_to_stop(int pos)	将 pos 指定的汽车信息从“辅助栈”移动到“停车位栈”
Int pave_to_stop(int pos)	将 pos 指定的汽车信息从“便道队列”移动到“停车位栈”
Int car_disp(int pos)	将 pos 指定的汽车信息显示在屏幕上

其他函数的定义和说明请参看源代码(见“精品课程”网页)。

4. 界面设计

本程序的界面力求简洁、友好,每一步需要用户操作的提示和每一次用户操作产生的调度结果都以中文形式显示在屏幕上,使用户对要做什么和已经做了什么一目了然。

5. 运行与测试

对应测试用的设计注重所定义的数据结构的边界以及各种数据结构共存的可能性。

(1) 假设连续有 7 辆车到来,牌照号分别为 JF001,JF002,JF003,JF004,JF005,JF006,JF007,前 5 辆应该进入停车位 1~5 车位,第 6,7 辆车应停入便道的 1,2 位置上。

(2) 当 1 号车位中的情况发生变化后,让牌照号为 JF003 的汽车从停车场开走,应显示 JF005,JF004 的让路动作和 JF006 从便道到停车位上的动作。

(3) 随时检查停车位和便道的状态,不应该出现停车位有空位而便道上还有车的情况。

(4) 其他正常操作的一般情况。

(5) 程序容错性的测试,当键盘输入错误的时候是否有错误提示指导用户正确操作,并作出相应处理,保证程序正常运行。

2.2 实训项目

1. 银行业务的模拟系统

问题描述:设计一个银行业务模拟系统,模拟银行的业务运行并计算一天中客户在银行逗留的平均时间。银行有 N(N 的取值自己定义)个窗口对外接待客户,从早晨银行开门起不断有客户进入银行。由于每个窗口在某个时刻只能接待一个客户,因此在客户人数众多时需在每个窗口前顺次排队,对于刚进入银行的客户,如果某个窗口的业务员正空闲,则可上前办理业务;反之,若 N 个窗口均有客户所占,他便会排在人数最少的队伍后面。

基本要求：

(1) 在界面上可以设定银行的对外营业时间(银行的开门时间以及银行的关门时间)。

(2) 用人机交互的方式来输入客户的到达时间以及客户的离开时间，用队列来存储客户的到达时间和客户的离开时间。

(3) 可以友好地显示出在某一天中整个银行系统中客户在银行逗留的平均时间。

2. 电梯运行仿真

问题描述：编写一个程序，模拟办公大楼中全部电梯的工作过程。该仿真程序可以用来监测系统运行情况，改善大楼管理，它也可以看成是一种游戏程序。

系统初步描述：

(1) 办公大楼有若干层(例如，10 层)，每层都有电梯可到达，全楼有若干部(例如，不多于 10 部)电梯同时供使用，电梯容量为 24 人，电梯运行每上下一层需 5 秒，在某一层停下至少需 15 秒。其运行状态可分为：向上、向下、停止，当前乘客数，当前所在层数。它设有一个“按钮数组”，例如第五层的按钮按下，意味着有乘客在第 5 层到达目标层，等等。

(2) 在楼的每一层，有电梯的层数，有按钮表示有人等待向上或向下，有若干人在等待，有若干电梯在本层停下，等等。

(3) 在大楼中(包括进出)的总人数不超过 500 人，每个人站在电梯前有个目标层，他有一个最大的忍受等待时间，因为他可以选择电梯或是步行走楼梯，等等。

(4) 还有下面若干假设：在每个时间段要进大楼的人数在 0～199 之间随机取值。

(5) 用电梯的每个人的目标层在 1～10 之间取值；一个人在进电梯或改走楼梯之前的等待时间在 180～360 秒范围内随机发生；一个人到达目标层后第二次再乘电梯中间的工作时间在 400～6600 秒间随机取值。

课程设计三　串的应用

3.1　文本文件的检索

1. 问题描述

本课程设计的目的是熟悉串类型的实现方法和文本模式匹配方法，熟悉如何利用模式匹配算法实现一般的文本处理技术。首先设计出串定位算法(即模式匹配算法)及其实现；然后再利用串定位算法设计文本文件的检索及单词的计数等操作。

在串的基本操作中，在主串中查找模式匹配算法——即求子串位置的函数 Index(s,t)，是文本处理中最常用、最重要的操作之一。

2. 设计要求

所谓子串的定位就是求子串在主串中首次出现的位置，又称为模式匹配或串匹配。这里只要求用最简单的朴素模式匹配算法。该算法的基本思路是将给定子串与主串从第一个字符开始比较，找到首次与子串完全匹配的子串为止，并记住该位置。但为了实现统计子串出现的个数，不仅需要从主串的第一个字符位置开始比较，而且需要从主串的任一给定位置检索匹配字符串，所以首先要给出两个算法：一个标准的朴素模式匹配算法，一个给定位置的匹配算法。

1) 朴素模式匹配算法

该算法的基本思想是：设有三个指针——i、j 和 k，用 i 指示主串 S 每次开始比较的位置；指针 j 和 k 分别表示主串 S 和模式 T 中当前正在等待比较的字符位置；一开始从主串 S 的第一个字符(i＝0,j＝0)和模式 T 的第一个字符(k＝0)比较，若相等，则继续逐个比较后续字符(j＋＋,k＋＋)，否则从主串的下一个字符(i＋＋)起再重新和模式串(j＝0)的字符开始比较。依次类推，直到模式 T 中的所有字符都比较完，而且一直相等，则称匹配成功，并返回位置 i；否则返回－1，表示匹配失败。

顺序模式匹配算法函数原型为 Int Index(sstring s，sstring T)，程序详见教学网站。

2) 给定位置的串匹配算法

该算法要求从串 s1(为顺序存储结构)中第 k 个字符起，求出首次与字符串 s2 相同的子串的起始位置。

算法分析与上面介绍模式匹配算法类似，只不过上述算法的要求是从主串的第一个字符开始，该算法是上述算法的另一种思路：从第 k 个元素开始扫描 s1，当其元素值与 s2 的第一个元素的值相同时，判定它们之后的元素值是否依次相同，直到 s2 结束为止。若相同，则返回当前位置值；否则继续上述过程，直至 s1 扫描完为止。

功能函数 Int partposition(sstring sl， sstring s2，int k)，程序详见“精品课程”网页。

3.2 文本文件单词的检索与计数

1. 设计要求与分析

要求编程建立一个文本文件，每个单词不包含空格且不跨行，单词由字符序列构成且区分大小写；统计给定单词在文本文件中出现的总次数；检索输出某个单词出现在文本中的行号，在该行中出现的次数以及位置。该设计要求可分为三个部分实现：其一，建立文本文件，文件名由用户用键盘输入；其二，给定单词的计数，输入一个不含空格的单词，统计输出该单词在文本中的出现次数；其三，检索给定单词，输入一个单词，检索并输出该单词所在的行号，该行中出现的次数，以及在该行中的相应位置。

2. 功能模块设计

1）建立文本文件

建立文本文件的实现思路是：

(1) 定义一个串变量；

(2) 定义文本文件；

(3) 输入文件名，打开该文件；

(4) 循环读入文本行，写入文本文件；

(5) 关闭文件。

2）给定单词的计数

该功能需要用到前面设计的模式匹配算法，逐行扫描文本文件。匹配一个，计数器加1，直到整个文件扫描结束；然后输出单词出现的次数。实现思路是：

(1) 输入要检索的文本文件名，打开相应的文件；

(2) 输入要检索统计的单词；

(3) 循环读文本文件，读入一行，将其送入定义好的串中，并求该串的实际长度，调用串匹配函数进行计数。

(4) 关闭文件，输出统计结果。

3）检索单词出现在文本文件中的行号、次数及其位置

其实现过程描述如下：

(1) 输入要检索的文本文件名，打开相应的文件；

(2) 输入要检索统计的单词；

(3) 行计数器置初值 0；

(4) while(不是文件结束)

```
    {
        读入一行到指定串中；
        求出串长度；
        行单词计数器置 0；
        调用模式匹配函数匹配单词定位、该行匹配单词计数；
```

行号计数器加1；
If(行单词计数器!=0)
输出行号、该行有匹配单词的个数以及相应的位置；
}

4）主控菜单程序的结构

该部分内容如下：

(1) 头文件包含；

(2) 菜单选项包括：

① 建立文件；

② 单词计数；

③ 单词定位；

④ 退出程序。

(3) 选择①～④执行相应的操作，其他字符为非法。

3. 程序实现

详细源程序清单见“精品课程”网页，读者只需按如下顺序输入程序，即可进行编译，调试，运行。

1）程序预处理

包括加载头文件，定义结构体、常量和变量，并对它们进行初始化。

顺序存储结构字符串类型定义如下：

```
typedef struct{
    char ch[MaxStrSize];
    int length;
}SString;
```

2）建立文本文件函数

在此处输入函数 void CreatTextFile()的源代码。

3）文本文件单词计数函数

在此处输入函数 void SubStrCount()的源代码。

4）检索单词出现在文本文件中的行号、次数及其位置

在此处输入函数 void SubStrInd()的源代码。

5）串匹配算法

在此处输入函数 int Index(sstring s,sstring T)的源代码。

在此处还要输入函数 int partposition(sstring sl, sstring s2,int k)的源代码。

6）输入主函数

最后输入主函数 void main( )。

4. 实例测试及运行结果

请读者自行设计测试用例，并观察运行结果是否符合设计要求。

3.2 实训项目

1. 全屏幕编辑

问题描述:实现类似于 Editor 的全屏幕编辑程序,能够实现以下功能。

(1) 进入编辑程序为 Vi 的文件名。

(2) 存盘和退出。按 Esc 键进入命令方式,所有的命令与文本的字母都区分大小写,其中包括:

① 存盘退出命令为 X;

② 不存盘退出文件命令为 Q;

③ 存盘命令为 W。

(3) 移动光标。移动光标必须在命令工作方式下进行。

① 左移,左移一格。←或 H 键,左移 N 格为 NH;

② 下移,下移一格。↓或 J 键,下移 N 格为 NJ;

③ 右移,右移一格。→或 L 键,右移 N 格为 NL;

④ 上移,上移一格。↑或 K 键,上移 N 格为 NK;

⑤ 上翻一屏。按 PgUp 键或 Ctrl+B 组合键;

⑥ 下翻一屏。按 PgDp 键或 Ctrl+F 组合键;

⑦ 移到行首为 0 键;

⑧ 移到行尾为 $ 键;

⑨ 光标移到 N 行行首为 N 键,其中 0,1 为第一行,$ 为最后一行。

(4) 插入文本:在命令工作方式下输入以下命令即可插入文本。

① I 为在光标所在位置的前面插入文本;

② a 为在光标所在位置的后面插入文本;

③ o 为在光标所在位置的下面插入一空行,再可以输入文本;

④ A 为在光标所在行的行尾插入文本。

注:按 Esc 键结束一次编辑命令。

(5) 删除。

① 字符删除,删除一个字符按 X 键,删除 N 个字符按 NX(最多删到行尾)键;

② 行删除。删除一行按 DD 键。

(6) 检索字符串。

① 向后检索为/字符串(回车);

② 向前检索为? 字符串(回车);

③ 继续上次检索按 N 键;

④ 反方向继续上次检索按 N 键。

2. 多文本文件检索

问题描述:《全唐诗》分成了 45 个文本文件存储。示例中的文本检索不能实现这种多

文本检索要求。请编写程序,能够实现以下功能:

① 按作者搜索诗篇;

② 按主题搜索诗篇;

③ 按关键字搜索诗篇;

④ 统计共有多少作者,每个作者有多少诗篇。

实现提示:以下程序是在 vc++6.0 调试过的程序。但程序不很完善,请修改并调试程序。

```
#include <iostream.h>
#include <stdio.h>
#include <string.h>
#include <stdlib.h>
FILE* fp;
char   *fname[45]={
 "c:/000/qts/qts01.txt","c:/000/qts/qts02.txt","c:/000/qts/qts03.txt",
 "c:/000/qts/qts04.txt","c:/000/qts/qts05.txt","c:/000/qts/qts06.txt",
 "c:/000/qts/qts07.txt","c:/000/qts/qts08.txt","c:/000/qts/qts09.txt",
 "c:/000/qts/qts10.txt","c:/000/qts/qts11.txt","c:/000/qts/qts12.txt",
 "c:/000/qts/qts13.txt","c:/000/qts/qts14.txt","c:/000/qts/qts15.txt",
 "c:/000/qts/qts16.txt","c:/000/qts/qts17.txt","c:/000/qts/qts18.txt",
 "c:/000/qts/qts19.txt","c:/000/qts/qts20.txt","c:/000/qts/qts21.txt",
 "c:/000/qts/qts22.txt","c:/000/qts/qts23.txt","c:/000/qts/qts24.txt",
 "c:/000/qts/qts25.txt","c:/000/qts/qts26.txt","c:/000/qts/qts27.txt",
 "c:/000/qts/qts28.txt","c:/000/qts/qts29.txt","c:/000/qts/qts30.txt",
 "c:/000/qts/qts31.txt","c:/000/qts/qts32.txt","c:/000/qts/qts33.txt",
 "c:/000/qts/qts34.txt","c:/000/qts/qts35.txt","c:/000/qts/qts36.txt",
 "c:/000/qts/qts37.txt","c:/000/qts/qts38.txt","c:/000/qts/qts39.txt",
 "c:/000/qts/qts40.txt","c:/000/qts/qts41.txt","c:/000/qts/qts42.txt",
 "c:/000/qts/qts43.txt","c:/000/qts/qts44.txt","c:/000/qts/qts45.txt"
};
        switch(num)
        {
         case 1:cout<<"按作者搜索诗篇"<<endl;cin>>str;outher(str);break;
         case 2:cout<<"输入主题关键字"<<endl;cin>>str;titleshi(str);break;
         case 3:cout<<"输入关键字"<<endl;cin>>str;impword(str);break;
         case 4:togher();break;
        };
        cout<<"是否继续 y/n"<<endl;
        cin>>c;
        if(c=='n')
            flag=0;
        cout<<"1:按作者搜索诗篇"<<endl;
```

```
        cout<<"2:按主题搜索诗篇"<<endl;
        cout<<"3:按关键字搜索诗篇"<<endl;
        cout<<"4:共有多少作者,每个作者有多少诗篇"<<endl;
    }
}
//按作者搜索诗篇
void outher(char* s)
{
    int i,flag,tt=0,t=1,sum=0;
    char str[300],spp[6],p,sp[6],temp[30000],name[20];
    strcpy(sp,"卷");strcpy(spp,"】");
    for(i=0;i<45;i++)
    {
        fp=fopen(fname[i],"r");
        fgets(str,300,fp);     //读的第一行
        while(! feof(fp))
        {
        strcpy(temp,str);      //拷贝诗的第一行
        if((str[2]>=48)&&(str[2]<=57)&&strstr(str,sp))//是一首诗的开始
            {
            fgets(str,300,fp);      //第二行
            strcat(temp,str);
            if((strlen(str)<=12)&&(strstr(str,spp)==NULL))//存储作者名字
                    strcpy(name,str);
                else {
                        fgets(str,300,fp);  //第三行
                        strcat(temp,str);
                        if(strlen(str)<=12&(strstr(str,spp)==NULL))
                              strcpy(name,str);
                        else strcpy(name,"ww");
                }
                if(strstr(name,s))
                {
                    sum++;
                    if(sum%10==0)
                        cin>>p;
                    flag=1;
                    cout<<temp;  //以前的部分
                    while(flag==1)
                    {
                        fgets(str,300,fp);
                        if((str[2]<48)||(str[2]>57))cout<<str;
```

```
                        if(feof(fp))flag=0;  //文件结束
                        else
                        {
if((str[2]>=48)&&(str[2]<=57)&&strstr(str,sp))    //是否是下一首诗
                              flag=0;
                        }
                    }
                }
            }
            else
                fgets(str,300,fp);
        }
    }
    cout<<endl;
    cout<<"sum="<<sum<<endl;
}
void togher()     //综合
{
    struct num1{
        char outh[20];
        int totle;
    }out[4000];
    strcpy(out[0].outh,"ww");
    int i,flag,tt=0,t=1,k,l,p,sum=0;
    char str[300],spp[6],sp[6];
    strcpy(sp,"卷");
    strcpy(spp,"】");
    for(i=2;i<4000;i++)
        out[i].totle=0;
    for(i=0;i<45;i++)
    {
        fp=fopen(fname[i],"r");
        fgets(str,300,fp);     //读的第一行
        while(!feof(fp))
        {
        if((str[2]>=48)&&(str[2]<=57)&&strstr(str,sp))  //是一首诗的开始
            {
            sum++;
            fgets(str,300,fp);
            if((strlen(str)<=12)&&(strstr(str,spp)==NULL))  //存储作者名字
                strcpy(out[t].outh,str);
            else {
```

```
                    fgets(str,300,fp);
                        if(strlen(str)<=12)
                            strcpy(out[t].outh,str);
                        else
                            strcpy(out[t].outh,"ww");}
                flag=0;
                for( k=0;k<t;k++)
                    if((l=strcmp(out[k].outh,out[t].outh))==0){
                        flag=1;
                        out[k].totle++;
                        break;}
                    else out[t].totle=1;
                if(flag==0)t++;
                if(!feof(fp))
                      fgets(str,300,fp);
            }
            else {
                if(!feof(fp))
                {
                     fgets(str,300,fp);}}
        }
    }
    for(i=1;i<t;i++)
    {
    cout<<"作者:"<<out[i].outh<<"  "<<"诗篇数为:"<<out[i].totle<<endl;
       if(i%20==0)
          cin>>p;
    }
    cout<<"总作者数:"<<t<<"  "<<"总诗篇数为:"<<sum<<endl;
}
void impword(char* s)
{
    int i,flag,t=0,fin;
    char str[300],p,temp[50000],sp[6];
    strcpy(sp,"卷");
    for(i=0;i<45;i++)
    {
        fp=fopen(fname[i],"r");
        fgets(str,300,fp);     //读的第一行
        while(!feof(fp))
        {
        strcpy(temp,str);     //拷贝诗的第一行
```

```
        if((str[2]>=48)&&(str[2]<=57)&&strstr(str,sp))      //是一首诗的开始
           {
              fin=1;
              while(fin==1)  //一首诗结束标志
              {
                 if(strstr(str,s))  //第一句是
                 {
                    t++;
                    if(t%20==0)cin>>p;
                    flag=1;
                    cout<<temp;  //输出题目
                    while(flag==1)
                    {
                       fgets(str,300,fp);
                       if((str[2]<48)||(str[2]>57))cout<<str;
                       if(feof(fp)){flag=0;fin=0;}  //文件结束
                       else{
if((str[2]>=48)&&(str[2]<=57)&&strstr(str,sp))  //是否是下一首诗
                                   {flag=0;fin=0;}}
                    }
                 }
                 else{                               //这行不等
                    fgets(str,300,fp);
                    strcat(temp,str);
                    if(feof(fp))fin= 0;       //文件结束{
                    else
if((str[2]>=48)&&(str[2]<=57)&&strstr(str,sp))      //是否是下一首诗
                             {fin=0;flag=0;}
                    }
              }
           }
           else
              if(!feof(fp))
                 fgets(str,300,fp);      //开始不是题目


     }
     fclose(fp);
   }
   cout<<endl;
   cout<<"t="<<t<<endl;
}
void titleshi(char*s)      //按题目搜索
```

```
{
    int i,flag,t=0;
    char str[300],p;
    for(i=0;i<=44;i++)
    {
        fp=fopen(fname[i],"r");
        fgets(str,300,fp);          //读第一行
        while(!feof(fp))
        {
            if((str[2]>=48)&&(str[2]<=57))     //文件开始是题目的开始
            {
                if(strstr(str,s))     //是这首诗
                {
                    t++;
                    if(t%10==0)
                        cin>>p;
                    flag=1;cout<<str;  //输出题目
                    while(flag==1)
                    {
                        fgets(str,300,fp);
                        if((str[2]<48)||(str[2]>57))
                            cout<<str;
                        if(!feof(fp))
                        {
  if((str[2]>=48)&&(str[2]<=57))      //是否是下一首诗
  {
      flag=0;
  }


      }
      else flag=0;      //文件结束
      }
  }
  else                  //不是这首诗,读到下一首诗
  {
  flag=1;
    while(flag==1)
  {
      fgets(str,300,fp);
      if(!feof(fp))
      {
      if((str[2]>=48)&&(str[2]<=57))//是否是下一首诗
```

```
            {
            flag=0;
            }
            }
            else flag=0;     //文件结束
            }
            }
            }
            else          //文件开始不是题目
                fgets(str,300,fp);
        }
    }cout<<"t="<<t<<endl;
}
```

课程设计四　树结构的应用

树形结构是一类重要的非线性数据结构，树中结点之间具有明确的层次关系，并且结点之间有分支，它非常类似于实际的树。树形结构在客观世界中大量存在，如计算机应用领域，树结构也被广泛地应用。例如，在编译程序中，用树结构来表示源程序的语法结构；在数据库系统中，用树结构来组织信息；在计算机图形学中，用树结构来表示图像关系等。本章课程设计主要涉及树、二叉树的存储结构及其遍历，以及哈夫曼树及哈夫曼编码的应用。

4.1　压缩软件设计

1. 需求分析

在当今信息时代，如何采用有效的数据压缩技术节省数据文件的存储空间和计算机网络的传送时间，已越来越引起人们的重视，哈夫曼编码正是一种应用广泛且非常有效的数据压缩技术。

哈夫曼编码的应用很广泛，利用哈夫曼树求得的用于通信的二进制编码称为哈夫曼编码。树中从根到每个叶子都有一条路径，对路径上的各分支约定：指向左子树的分支表示“0”码，指向右子树的分支表示“1”码，取每条路径上的“0”或“1”的序列作短码。

假设每种字符在电文中出现的次数为 Wi，编码长度为 Li，电文中有 n 种字符，则电文编码总长为$\sum$WiLi 恰好为二叉树上带权路径长度。

因此，设计电文总长最短的二进制前缀编码，就是以 n 种字符出现的频率作权，构造一棵哈夫曼树，此构造过程称为哈夫曼编码。

根据设计要求和分析，要实现本设计，必须实现以下几个方面的功能：

① 哈夫曼树的建立；

② 哈夫曼编码的生成；

③ 编码文件的译码。

2. 功能设计

1）哈夫曼树的建立

由哈夫曼算法的定义可知，初始森林中共有 n 棵只含有根结点的二叉树。算法将当前森林中的两棵根结点权值最小的二叉树，合并成一棵新的二叉树；每合并一次，森林中就减少一棵树，产生一个新结点。显然要进行 n－1 次合并，所以共产生 n－1 个新结点，它们都是具有孩子的分支结点。由此可知，最终得的哈夫曼树中一共有 2n－1 个结点，其中 n 个叶结点是初始森林的 n 个孤立结点。并且哈夫曼树中没有度数为 1 的分支结点。我们可用一个大小为 2n－1 的一维数组来存储哈夫曼树中的结点。因此，哈夫曼树的存储结构描述为：

```
typedef struct{
    int weight;
    int lchild,rchild,parent;
}HTNode;
typedef HTNode HuffmanTree[M+1];
```

实现哈夫曼树，主要有如下步骤：

第一步：选择 parent 为 0 且权值最小的两个根结点。

第二步：统计字符串中字符的种类以及各类字符的个数。

第三步：构造哈夫曼树。

2）生成哈夫曼编码文件

要求电文的哈夫曼编码，必须先定义哈夫曼编码类型，根据设计要求和实际需要定义的类型如下：

```
typedef struct
{
    char ch,bits[n+1];
    int start;
}CodeNode;
typedef CodeNode HuffmanCode[n];
```

这里使用两个功能函数：

① 根据哈夫曼树 HT 求哈夫曼编码表 HC。

② 建立正文的编码文件，基本思想是：将要编码的字符串中的字符逐一与预先生成哈夫曼树时保存的字符编码对照表进行比较，找到之后，对该字符的编码写入代码文件，直至所有的字符处理完为止。

③ 代码文件的译码。译码的基本思想是：读文件中编码，并与原生成的哈夫曼编码比较，遇到相等的编码时，取出其对应的字符存入一个新串中。

3. 程序实现

详细源程序清单见“精品课程”网页，读者只需按如下顺序输入程序，即可进行编译，调试，运行。

1）类型及相关变量的定义

包括加载头文件，定义结构体、常量和变量，并对它们进行初始化。

2）建立哈夫曼树

① void select(HuffmanTree T, int k, int &s1,int &s2)

② int jsq(char * s, int cnt[ ],char str[ ])

③ void ChuffmanTree(HuffmanTree HT, HuffmanCode HC, int cnt[ ], char str[ ])

3）生成哈夫曼编码文件

① void HuffmanEncoding(HuffmanTree HT, HuffmanCode HC)

② void coding(HuffmanCode HC, int cnt[ ], * str)

4）电文译码

```
char* decode(HuffmanCode HC)
```

5）输入主函数

最后输入主函数 void main( )。

4. 运行测试

根据功能要求，自行设计测试样例。

4.2 实训项目

基于哈夫曼编码位图文件压缩软件。

基本要求：位图文件压缩和解压缩软件需具备如下功能。

（1）扫描位图文件的全部数据（对应用于调色板的编码），完成数据频度的统计。

（2）依据数据出现的频度建立哈夫曼树。

（3）将哈夫曼树的信息写入输出文件（压缩后文件），以备解压缩时使用。

（4）进行第二遍扫描，将原文件所有编码数据转化为哈夫曼编码，保存到输出文件。解压缩则为逆过程。

课程设计五　图结构的应用

5.1　交通咨询系统

1. 问题描述

在交通网络非常发达，交通工具和交通方式不断更新的今天，人们在出差、旅游或做其他出行时，不仅关心节省交通费用，而且对里程和所需时间等问题也感兴趣。对于这样一个人们关心的问题，可用一个图结构来表示交通网络系统，利用计算机建立一个交通咨询系统。图中顶点表示城市，边表示城市之间的交通关系。这个交通系统可以回答旅客提出的各种问题。例如，一位旅客要从 A 城到 B 城，他希望选择一条途中中转次数最少的路线。假设图中每一站都需要换车，那么这个问题反映到图上就是要找一条从顶点 A 到 B 所含边的数目最少的路径。我们只需要从顶点 A 出发对图作广度优先搜索，一旦遇到最少的路径。路径上 A 与 B 之间的顶点就是路径的中转站数，但这只是一类最简单的图的最短路径问题。

2. 功能描述

设计一个交通咨询系统，能让旅客咨询从任一个城市顶点到另一城市之间的最短路径(里程)或最低花费或最少时间等问题。对于不同咨询要求，可输入城市间的路程或所需时间或所需费用。整个系统由如下几大功能模块组成。

(1) 交通网络图的建立。

(2) 查询。用户输入出发地和目的地信息后，若未找到满足查询条件的记录，显示未找到记录的提示信息。

(3) 通信录的维护。实现对记录的修改，删除，插入和排序操作。

3. 设计

1) 数据结构设计

(1) 城市。

```
typedef struct
{
    char ID[charl];
    char name[charl];
}TpyeCity;
int CityNum;
TpyeCity City[MaxNode];
```

(2) 站点。

```
typedef struct
{
     TpyeCity city;
     char ArriveDate[charl];
     char ArriveTime[charl];
     int WaitTimeLong;
     double price;
}Station;
```

(3) 列车。

```
typedef struct
{
     char ID[charl];
     int MidStationNum;   //中间站的数目
     Station MidStation[MaxNode];
     int MaxContain;
     int ReadyContain;
}TypeTrain;
int TrainNum;
TypeTrain Train [MaxNode];
```

(4) 飞机航班。

```
typedef struct
{
     char ID[charl];
     char StartPlace[charl];
     char EndPlace[charl];
     char StartDate[charl];
     char StartTime[charl];
     char EndDate[charl];
     char EndTime[charl];
     char TimeLong[charl];
        //这里的时间不是输入的,而是由输入的日期和时间算出来的
     int DoubleTimeLong;
        //这是作为时间的比较
     int MaxContain;  //航班的最大容量
     int ReadyContain;  //已经乘坐的人数
     double price;
}TypePlane;
int PlaneNum;
TypePlane Plane[MaxNode];
```

2) 功能函数设计

程序采用了结构化程序设计的思想。程序中除了主函数外，共设计了 12 个函数。

(1) int CharToInt(char * str)

功能://将十进制数由字符型，转化为 int 型。

(2) void TimeDateApart(char * str, int IntTimeDate[])

功能:将时间的时分秒或日期的年月日分离。

(3) int TimeLongOut(char * StartDate, char * StartTime,
    char * EndDate, char * EndTime, char * TimeLong)

功能:根据日期时间，算出时间长度最后转化为字符串。

(4) void InitiateCity()

功能:程序开始时输入现有城市，文件输入。

(5) void DeleteCity()

功能:删除某个城市。

(6) void InsertCity()

功能:插入一个新的城市。

(7) void InitiatePlane()

功能:初始化，从文件中读入现有飞机的航班。

(8) void InsertPlane()

功能:插入一个新的航班。

(9) void DeletePlane()

功能:删除某一航班。

(10) FindPlane(char * str, char * str2, double &price, int &TimeLong)

功能:飞机航班中最短时间以及最少费用。

(11) void InititeTrain()

功能:初始输入现有列车的情况。

(12) void DeleteTrain()

功能:删除某一列车。

(13) void InsertTrain()

功能:插入一个新的列车。

(14) void FindTrain(char * str, char * str2, double &price, int &TimeLong)

功能:列车中最短时间以及最少费用。

(15) void Administrator()

功能:管理员登录与维护模块，需要设置密码。

(16) int main()

功能:用户使用菜单。

4. 程序实现

为节省篇幅，这里仅列出了函数名称(见“精品课程”网页)。读者只需按顺序输入程序,即可进行编译,调试,运行。

5. 测试

根据功能需求,学生可以自行设计样例进行测试。

5.2 计算机专业教学计划编制问题

1. 问题描述

大学的每个专业都要编制教学计划,专业教学计划是高等院校培养专门人才的总体设计,是学校组织教学、实施教学管理、实现专业培养目标的重要依据;也是学校教学管理工作的指导性文件。本课程设计的任务是针对高等学校的计算机系本科课程,根据课程之间的依赖关系,制定课程安排计划。假设任何专业都有固定的学习年限,每学年含两学期,每学期的时间长度和学分上限都相等。每个专业开设的课程都是确定的,而且课程开设时间的安排必须满足先修关系。每门课程的先修关系都是确定的,可以有任意多门,也可以没有。每一门课程恰好一个学期。试在这样的情况下设置一个教学计划编制程序。

2. 功能描述

输入模块包括学期总数、一学期的学分上限、每门课的课程号、学分、直接先修关系的课程号。

编排课程号尽可能地集中在前几个学期中。

输出模块实现教学计划输入到指定的文件中;在无解的情况下,报告错误信息;教学计划输入到指定的文件中。

3. 设计

在编制教学计划的过程中,有一个层次的关系。比如说,数值分析必须在高等数学学完之后才可以学习,数据结构必须要在学习了一两门程序设计语言之后才可以学习。也就是说有的课程必须要在学习完了某些课程之后才可以学习。编制教学计划,涉及到的课程都要学完。所以我们可以将所有的课程编制成一张图,然后遍历图。由于课程有前续后继的关系,所以用 AOV 网是最合适的,对 AOV 网进行拓扑排序即可以得出结果。

对 AOV 网进行拓扑排序有两种情况:广度优先和深度优先。在进行深度优先周游时,要考虑到一种情况。例如:高等数学和 C 语言编程是并列的两门学科,两者之间没有前续后继的关系,可以同时进行学习。高等数学是数值分析和电子电路的基础课程,电子电路又是模拟电子电路的基础课程。C 语言编程是数据结构的基础课程,数据结构是算法设计与分析的基础课程。如果按照深度优先周游就有可能将上面几门课程排成:C 语言程序设计,数据结构,算法设计与分析,高等数学,电子电路,模拟电子电路。这样的教学计划很明显不符合实际教学的需要。因此我们应该进行广度优先周游,将高等数学和 C 语言程序设计先学,再学其他后继课程。

1）数据结构设计

(1) 邻接表中边表的结点。

```
struct edgeNode
{
    int index;
    pEdgeNode next;
};
```

(2) 存放顶点信息的结构体。

```
struct vertexNode
{
    int vertexInfo;
    int inDegree;
    pEdgeList next;
};
```

(3) AOV 网结构。

```
struct graphList
{
    int n;
    pVertexNode vertex[31];
};
```

(4) 链表队列中的结点。

```
struct node
{
    int info;
    pNode link;
};
```

(5) 队列的封装。

```
struct linkQueue
{
    pNode head;
    pNode rear;
};
```

2）功能函数设计

(1) pGraphListinitGraph(void);

函数的功能：初始化一个 AOV 网，入度都初始化为零，边表都初始化为 NULL。课程代号用 1,2,3,…数字表示。

(2) pLinkQueuecreatEmptyQueue(void);

函数的功能：创建一个空队列。

(3) int isEmptyQueue(pLinkQueue pQueue);

函数的功能：判断队列是否为空，如果为空返回 1，否则返回 0。

(4) void enQueue(pLinkQueue pQueue,int x);

函数的功能:将 x 加入队列。

(5) void deQueue(pLinkQueue pQueue);

函数的功能:为出队列操作。

(6) int getQueuehead(pLinkQueue pQueue);

函数的功能:为得到队列头部数据。

(7) void findIndegree(pGraphList pList);

函数的功能:为得到每个顶点的入度。

(8) void topoSort(pGraphList pList);

函数的功能:为拓扑排序。

(9) pGraphList initEdgeList(pGraphList pList,int x,int index);

函数的功能:为初始化边表.即在主函数中调用一次该函数就将一个结点存入指定的位置。

4. 程序实现

为节省篇幅,这里仅列出了函数名称(见“精品课程”网页)。读者只需按顺序输入程序,即可进行编译、调试、运行。

5. 运行与测试

读者自行设计测试用例,观察运行情况。

5.3 管道铺设施工的最佳方案选择

1. 问题描述

N(N>10)个居民之间需要铺设煤气管道。假设任意两个居民之间都可以铺设煤气管道,但代价不同。事先将任意两个居民之间铺设煤气管道的代价存入磁盘文件中。设计一个最佳方案使得这 N 个居民之间铺设煤气管道所需代价最少,并希望以图形方式在屏幕上输出结果。

2. 功能描述

1) 准备代价文件

也就是要准备图的节点和边的权值,在这方面要注意文件的格式,以便在今后读取图的存储结构时比较方便。至于,权值也就是居民之间的距离,是按照一个现实的小区设计的。

其中的顶点是 A,B,C,D,…之类的英文字母,代表居民的名字。字母对于构造最小生成树不方便,所以在程序中应把字母转变成数字,这样就比较方便了。

代价文件中共有 11 个顶点分别是 A,B,C,…一直到 K,20 条边及权值。具体数据,在最后的执行结果中可以看到。

2）读代价文件，得到图的存储结构

读代价文件需要注意的地方很多，特别是格式，一个空格或回车就能影响读文件的结果，还有文件的路径也不能搞错。

3）计算最小生成树

普里姆算法：假设 WN=(V,{E})是一个含有 n 个顶点的连通网，TV 是 WN 上最小生成树中顶点的集合，TE 是最小生成树中边的集合。显然，在算法执行结束时，TV=V，而 TE 是 E 的一个子集。在算法开始执行时，TE 为空集，TV 中只有一个顶点。因此，按普里姆算法构造最小生成树的过程为：在所有“其一个顶点已经落在生成树上，而另一个顶点尚未落在生成树上”的边中取一条权值为最小的边，逐条加在生成树上，直至生成树中含有 n−1 条边为止。

4）显示小生成树

文本方式：最初用的是最小生成树的显示方法，只要按次序读出边和权值就行了。

图形方式：这种显示方法比较复杂，需要用到许多画图的函数——屏幕初始化、顶点位置的初始化、绘顶点函数、绘边函数、代价显示函数……

5）确定顶点位置的方法

利用圆周分布法确定顶点的位置，用这种方法画图比较稳定，图也不是很难看。先把一个圆周按照顶点个数分成几份，计算出弧度，然后确定坐标。除了用圆周分布法还可以用其他的方法确定顶点的位置，比如说人工指定法（这种方法比较局限）、多次随机生成加人工选择（这是一种比较好的方法）。

3. 设计

1）数据结构设计

(1) 代价文件的结构。

代价文件主要存储表示 N(N>10) 个居民的符号，以及两个居民之间铺设煤气管道的代价。除此之外代价文件是用来得到图的存储结构的，考虑到图的存储结构定义中有 vexs[N]数组存储顶点，以及 arcs[N][N]数组存储边，vexnum，arcnum 这两个变量分别表示顶点数和边数，最后考虑格式。

综合以上考虑代价文件的结构如下：第一行存顶点个数，边的个数；接下来存顶点，也就是表示居民的符号，第二行 A，第三行 B，第四行 C，……然后存边和边的权值（例如 A,B,32），且以这种形式存放到磁盘文件中。

(2) 图的存储结构——邻接矩阵。

邻接矩阵是表示图形中顶点之间相邻关系的矩阵。一个图的邻接矩阵是唯一的。图的邻接矩阵表示，除了需要用一个二维数组存储顶点之间的相邻关系的邻接矩阵外，通常还需要使用一个具有 n 个元素的一维数组来存储顶点信息，其中下标为 i 的元素存储顶点 vi 的信息。因此，图的邻接矩阵的存储结构定义如下：

```
#define N 20
#define INFINITY 9999
typedef struct
```

```
{  char vexs[N];
   int arcs[N][N];
   int vexnum,arcnum;
}MGraph;
```

(3) 最小生成树的存储结构。

因为准备采用 prime 算法,所以存储结构定义如下:

```
typedef struct{
char adjvex;
int lowcost;
}close;
close closedge[N];
```

(4) 图形中的结点、边的数据结构。

用两个数组,分别存储边的两个顶点。确定坐标、颜色、文字标识。

2) 功能函数设计

(1) 全局变量、符号、函数的说明。

```
MGraph G;//G 表示图.
char xian1[N],xian2[N],str1[N],str2[N];
//xian1[N],xian2[N]两个数组是存储原图边的两个顶点的;而 str1[N],str2[N]两个数组是存储最小生成树的边的两个顶点的
Creat()  //这是读代价文件,得到图的存储结构的函数
initgraph(&gd,&gm,"D:\\TC\\BGI")   //这是画图的时候图形初始化的函数
MiniSpanTree_PRIM()  //这是求最小生成树的函数
output()  //这是画边的函数
locatevex()  //这是将顶点由字母转变为数字的函数
minimun(close closedge[N],int n)  //找权值最小的边的下标
```

(2) 函数关系图,如图 3-5-1 所示。

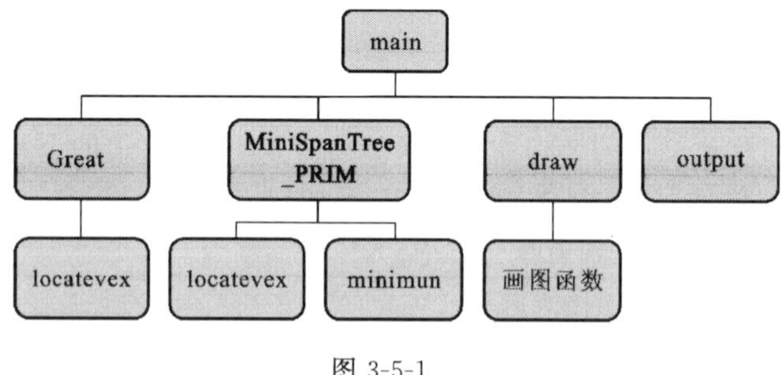

图 3-5-1

4. 程序实现

为节省篇幅,这里仅列出了函数名称(见“精品课程”网页)。读者只需按顺序输入程序,即可进行编译、调试、运行。

5. 测试

根据功能需求,学生可以自行设计样例进行测试。

5.4　实训项目

1. 校园导游

1) 问题描述

设计一个校园导游程序,为来访的客人提供各种信息查询服务。

(1) 设计学校的校园平面图,所含景点不少于 6 个。以图中顶点表示校内各景点,存放景点名称、代号、简介等信息;以边表示路径,存放路径长度等相关信息。

(2) 为来访客人提供图中任意景点相关信息的查询。

(3) 提供途中任意景点问路查询,即求任意两个景点间的一条最短的简单路径。

2) 设计思路

校园旅游模型是由景点和景点之间的路径组成的,所以这完全可以用数据结构中的图来模拟。用图的结点代表景点,用图的边代表景点之间的路径。所以首先应设计一个图类,结点值代表景点信息,边的权值代表景点间的距离。结点值及边的权值用顺序表存储,所以需要设计一个顺序表类。本系统需要查询景点信息和求一个景点到另一个景点的最短路径长度及路线,为方便操作,所以给每个景点一个代码,用结构体类型实现。计算路径长度和最短路线时可用狄克斯特拉(Dijkastra)算法实现。最后用 switch 选择语句选择执行浏览景点信息或查询最短路径。

2. 关键路径

1) 问题描述

AOE 网(即边表示活动的网络),在某些工程估算方面非常有用。它可以使人们了解:

①研究某个工程至少需要多少时间。②哪些活动是影响工程进度的关键?

在 AOE 网络中,从源点到汇点的有向路径可能不止一条,但只有各条路径上所有活动都完成了,这个工程才算完成。因此,完成整个工程所需的时间取决于从源点到汇点的最长路径长度,即在这条路径上所有活动的持续时间之和,这条路径就叫做关键路径。

2) 设计步骤

(1) 以某一工程为蓝本,采用图的结构表示实际的工程计划时间。

(2) 调查并分析和预测这个工程计划每个阶段的时间。

(3) 用调查的结果建立 AOE 网,并用图的形式表示。

(4) 用 CreateGraphic()函数建立图的邻接表存储结构,能够输入图的顶点和边的信息,并存储到相应存储结构中。

(5) 用 SearchMaxPath()函数求出最大路径,并打印出关键路径。

(6) 编写代码并调试、测试通过。

3）实现提示

实现的关键和难点在于对 4 个术语的理解和应用，即 ei 表示顶点 vi 所代表的事件的最早发生时间；li 表示顶点 vi 所代表的事件的最迟发生时间；Tes(i,j)表示活动 ak 的最早开工时间；Tls(i,j)表示活动 ak 的最迟开工时间。活动 ak 为关键活动的充分必要条件是活动 ak 的最早开工时间与它的最迟开工时间相等。

课程设计六　排序与查找

6.1　航班信息的查询与检索

1. 问题描述

当今乘飞机旅行的人越来越多，人们需要关心了解各类航班的班次、时间、价格及机型等信息。在这个飞机航班数据的信息模型中，航班号是关键字，而且是具有结构特点的一类关键字。因为航班号是字母数字混编的，例如 CZ3869，这种记录集合是一个适合于多关键字排序的例子。

2. 功能要求

该设计要求对飞机航班信息进行排序和查找。可按航班的航班号进行排序，利用二分查找法对排好序的航班记录按航班号实现快速查找，按其他次关键字的查找可采用最简单的顺序查找方法进行，因为它们用得较少。

每个航班记录包括 8 项，分别是：航班号、起点站、终点站、班期、起飞时间、到达时间、飞机型号以及票价，假设航班信息表有 8 条记录。

3. 设计

1) 数据结构设计

根据设计要求，我们知道设计中所用到的数据记录只有船班信息，因此要定义相关的数据类型：

(1) 航班记录。

```
typedef struct
{
    char start[6];        //起点
    char end[6];          //终点
    char sche[10];        //班期
    char time1[5];        //起飞时间
    char time2[5];        //到达时间
    char model[4];        //机型
    int price;            //票价
}infotype;
```

(2) 表结点。

```
typedef struct
{
```

```
        keytype keys[keylen];
        infotype others;
        int next;
    }slnode;
```

(3) 静态链表。

```
    typedef struct
    {
        slnode sl[maxspace];
        int keynum;
        int length;
    }sllist;
```

为了进行基数排序,需要定义在分配和收集操作时用到的指针数组。

```
    typedef int arrtype_n[radix_n];
    typedef int arrtype_c[radix_c];
```

2) 功能函数设计

(1) 一趟分配函数。

```
    void distribute(slnode* sl,int i,arrtype_n f,arrtype_n e)
```

按关键字 keys[i]建立 radix 个子表,使同一个子表中记录的 key[i]相同,f[0..radix]和 e[0..radix]分别指向各子表中的第一个和最后一个记录。

(2) 一趟搜集函数。

```
    void collect(slnode* sl,int i,arrtype_n f,arrtype_n e)
```

按关键字 keys[i]从小到大将[0..radix]所指的各子表依次链接成一个链表。

(3) 链式基数排序函数。

```
    void radixsort(sllist &l)
```

按关键字 keys[i]从低位到高位将[0..radix]依次对各关键字进行分配和收集,分两段实现。

(4) 二分查找函数。

```
    int binsearch(sllist l,keytype key[])
```

L 为待查找的表,keys[ ]为待查找的关键字,按二分查找的思想实现查找。

4. 程序实现

为节省篇幅,这里仅列出了函数名称(见"精品课程"网页)。读者只需按如下顺序输入程序,即可进行编译,调试,运行。

1) 程序预处理

包括加载头文件,定义结构体、常量和变量,并对它们进行初始化。

2) 链式基数排序

依次输入如下函数:

```
(1) void distribute(slnode* sl,int i,arrtype_n f,arrtype_n e);//一趟数字字符分配函数
(2) void collect(slnode* sl,int i,arrtype_n f,arrtype_n e);//一趟数字字符收集函数
(3) void distribute_c(slnode* sl,int i,arrtype_c f,arrtype_c e);//一趟字母字符分配函数
```

```
(4) void collect_c(slnode* sl,int i,arrtype_c f,arrtype_c e);//一趟字母字符收集函数
(5) void radixsort(sllist &l); //链式基数排序函数
(6) void arrange(sllist &l); //按指针链重新整理静态链表
```

3）查找算法实现

源代码编辑过程如下：

```
(1) int binsearch(sllist l,keytype key[]); //二分查找函数
(2) void seqsearch(sllist l,keytype key[],int i); //顺序查找函数
```

4）输入输出函数

依次输入如下函数：

```
(1) void searchcon(sllist l); //查询检索菜单控制函数
(2) void inputdata(sllist &l); //输入航班记录函数
```

5. 测试运行实例

读者自行设计测试样例。

6.2　实训项目

1. 飞机订票系统(基于队列)

系统为客户提供下列服务。

查询航线:根据旅客提供的终点站名输出下列信息:航班号、飞机号、周几飞行,最近一天航班的日期和余票额。

承办订票业务:如无,则预约登记,排队等候。

承办退票业务:如遇退票,则查询预约客户。

实现提示:每条航线应包括的信息有:终点站名、航班号、飞机号、飞行日期、乘员定额、余票额、已订票的客户名单和预约名单。后两项显然是一个线性表和一个队列。为插入和删除方便,已订票的客户应以链表作存储结构;同时,预约队列也该以链表作存储结构。

2. 内部排序性能分析

1）问题描述

设计一个测试程序,比较几种内部结构排序算法的关键字比较次数和移动次数,以取得直观感受。

2）基本要求

(1) 对冒泡排序、直接排序、简单选择排序、快速排序、希尔排序、堆排序算法进行比较。

(2) 待排序表的表长不小于100,表中数据随机产生,至少用5组不同的数据作比较,比较指标有:关键字参加比较次数和关键字的移动次数(关键字交换记为3次移动)。

(3) 输出比较结果。

3. 短信促销活动

(1) 问题描述:某超市庆祝开业 10 周年,特举行大型促销活动。采用手机短信通知每位贵宾。该超市有 10 万多户完整的贵宾资料,分别存放在下面两个文本文件中(每行一条记录,以 Tab 键分隔每个域):

① 贵宾账户文本。格式为:贵宾卡号＜Tab＞客户姓名＜Tab＞身份证号。

② 贵宾资料文本。格式为:身份证号＜Tab＞手机号。

(2) 基本要求:短信通知采用上传接口文件方式。接口文件每行表示一条信息,格式为"手机号码短信信息",以 Tab 键分隔手机号和短信。"短信信息"的内容为:"尊敬的 * * * 贵宾,A 超市为庆祝开业 10 周年,于 5 月 1 日至 5 月 15 日举行促销活动,凭贵宾卡(贵宾卡号)可享受全场 9 折,欢迎惠顾"。为了便于查看,要求上传文件以贵宾卡号升序排列。

课程设计七　文件信息管理系统

在许多应用处理方面，特别是在处理面向事务管理类型的问题时，例如财务管理、图书资料管理、人事档案管理等，都将涉及大量的数据处理。由于内存不适应于存储这类数量很大而且保存期又较长的数据，因此一般是将它们存于外存储设备中，我们把这种存在外存中的数据结构称为文件。

文件是多个性质相同的记录的集合。文件的数据量通常很大，它被放置在外存上。数据结构中所讨论的文件主要是数据库意义上的文件，而不是操作系统意义上的文件。操作系统中研究的文件是一维的无结构连续字符序列，而数据库中所研究的文件则是带数据项，是文件可使用的最小单位。数据有时也称为字段或属性，其中能够唯一标识一个记录的数据项称为主关键字项，主关键字项的值称为主关键字。

7.1　图书馆管理信息系统的设计与实现

1. 问题描述

在对图书馆管理系统进行需求分析过程中，需要确定系统的主要功能，对软件开发的主要目的，软件的主要使用领域和有关该软件开发的软硬件环境进行详细的分析。下面就从系统功能、运行环境、功能模块描述等几个方面进行需求分析。该系统是运行于Windows 系统下的应用软件，具体要求如下。

(1) 每种书的登记内容包括书号、书名、作者、出版社和库存量；

(2) 对书号建立索引表(线性表)以提高查找效率；

2. 功能需求描述

图书馆管理系统软件为学校图书馆管理提供了一个很好的管理和查看平台，给用户提供了一个简单友好的用户接口，功能需求描述如下。

(1) 图书馆信息：包括采编入库、删除图书、图书查询、库存预览。而采编入库时记录了书号、书名、作者、出版社和库存量。删除图书只需要输入书名即可。图书查询有 4 种方法，分别是书号、书名、作者、出版社查询，对书号、书名、作者、出版社都建立索引表(线性表)以提高查找效率。库存预览：选择库存预览将显示所有的图书信息。

(2) 借阅系统：包括借书登记、还书登记、借阅情况查看三方面。

借书登记内容：需要先输入借阅书名，然后输入借阅证号、姓名、归还日期、借书书名。还书登记内容：输入姓名、借阅证号、书名。借阅情况查看：选择借阅情况查看，将显示所有借阅者的信息。

(3) 退出系统：选择退出系统，将显示“欢迎再来图书馆”。

3. 总体设计

对本系统的功能模块、运行环境等进行了合理分析之后，下面要从系统总体结构、模块功能、界面和数据结构几方面进行系统的总体设计。总体设计可在软件开发的早期站在全局高度对软件结构进行优化，这个时期付出的代价不高，却可以使软件质量得到重大改进。

1）开发与设计的总体思想

本系统主要应用结构化的设计思想实现图书馆管理系统的各项管理功能。各主要模块的数据均存储在文件中，因此包含文件的读、写等基本操作。在软件开发过程中应用了高级语言程序设计中的基本控制结构，如：选择、循环、顺序结构，在软件的设计过程中应用了软件工程的基本理论。

系统的设计方法是结构设计方法，采用C语言进行开发的。

2）系统模块结构图

依据需求分析结果，图书馆管理系统可以分为三个模块：图书馆信息模块、借阅系统模块、退出系统模块，如图3-7-1所示。

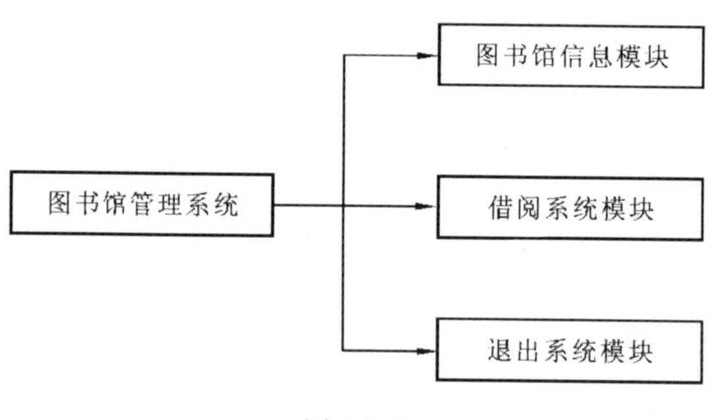

图 3-7-1

3）模块设计

(1) 图书馆信息模块：包括采编入库、删除图书、图书查询、库存预览，如图3-7-2所示。

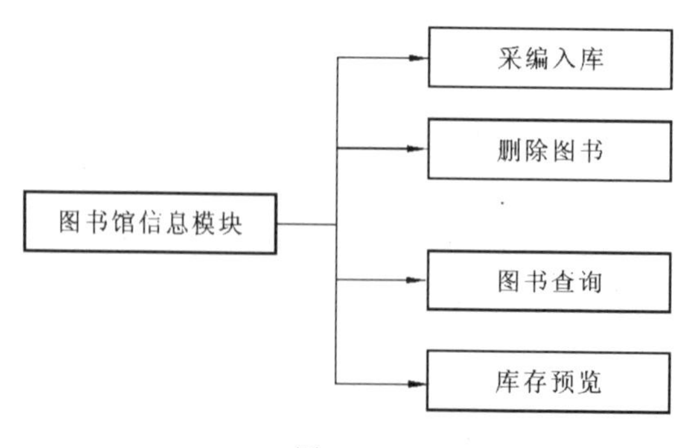

图 3-7-2

(2) 借阅系统模块:包括借书登记、还书登记、借阅情况查看三方面,如图 3-7-3 所示。

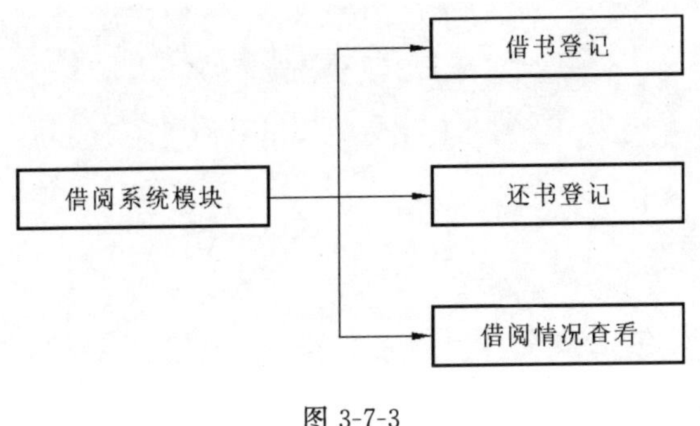

图 3-7-3

(3) 退出系统模块

进入退出系统,将显示“欢迎再来图书馆”。

4) 系统流程描述

系统流程如图 3-7-4 所示。

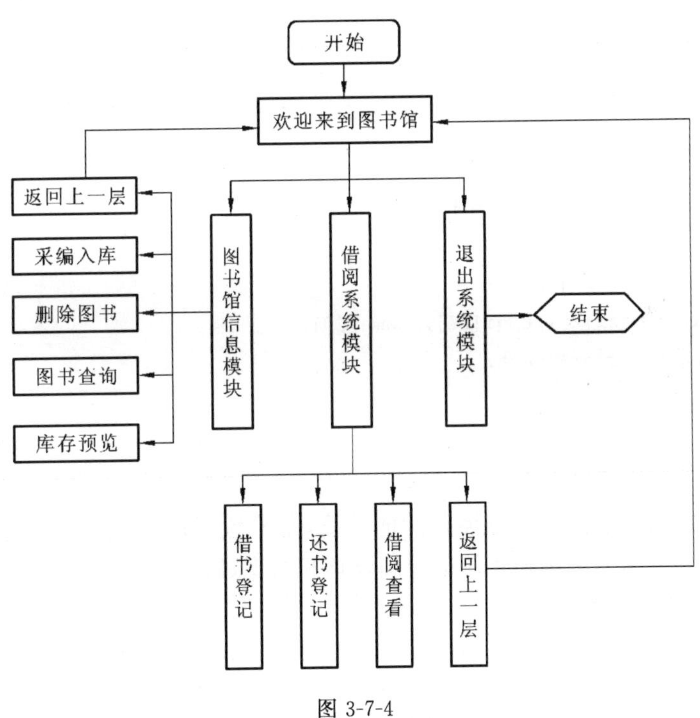

图 3-7-4

5) 界面设计

图书馆管理系统的界面设计主要遵循方便易用,界面友好的原则。虽然不是华丽型,但看起来很实用,给人的感觉很好。首先映入眼帘的是“欢迎来到图书馆”几个大字,下面紧接着就是,图书馆管理系统的几大模块,简单直观,又不失水准。

主界面如图 3-7-5 所示。

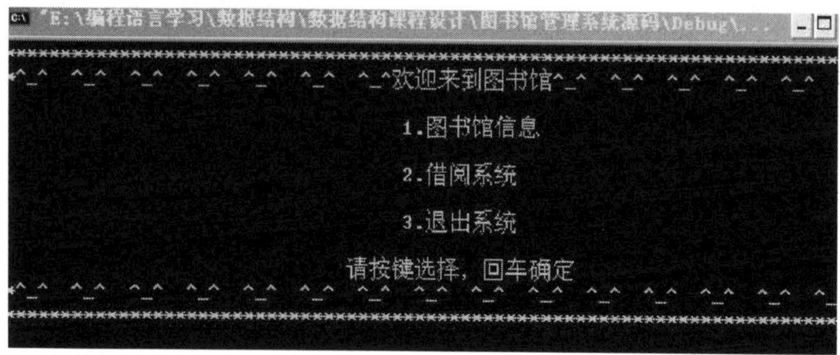

图 3-7-5

6）数据结构设计

用于图书入库记录，图书查询（建立索引表（线性表）以提高查找效率），读者借书信息记录等。

```
struct library        //图书馆结构体
{   int shuhao,xcl;
    char name[20],author[20],chuban[20];
    struct library*next;
};

struct reader         //读者结构体
{
    char zhenghao[15];
    char mingzi[20],riqi[20],zname[20];
    struct reader* next;
};
```

4. 详细设计

基于系统需求分析与系统总体设计的结论，本系统采用 C 语言实现各个子功能，下面按照模块的划分来分别阐述系统的详细设计和实现过程。

1）图书馆信息模块

函数声明

```
void mainmenu()          //显示主菜单
void menu1()             //显示图书馆信息菜单
void menu2()             //显示查询菜单
void main()              //主函数，调用 main1
void main1()             //main1 函数
void tsgxx()             //图书馆信息函数
int tjzs()               //统计文本个数函数
int tjdzzs()             //统计文本个数函数
```

```
void tsjinku()          //图书进库函数
void shanchu()          //删除图书信息函数
void chaxunts()         //查询函数
void xianshikucun()     //现实库存信息
```

(1) 主函数

```
void main()     //主函数,调用 main1
{void main1();
      main1();
}
```

(2) 主菜单。

```
void menu1()     //显示图书馆信息菜单
{ system("cls");
printf("*********************************************************");
printf("*^_^  ^_^  ^_^  ^_^  ^_^^_^  ^_^  ^_^  ^_^  ^_^  ^_^_^*");
printf("\t\t\t\t  1.采编入库\n\n");
printf("\t\t\t\t  2.删除图书\n\n");
printf("\t\t\t\t  3.图书查询\n\n");
printf("\t\t\t\t  4.库存一览\n\n");
printf("\t\t\t\t  5.返回上一层\n\n");
printf("\t\t\t          请按键选择,回车确定\n");
printf("*^_^  ^_^  ^_^  ^_^  ^_^  ^_^  ^_^  ^_^  ^_^  ^_^  ^_^  *");
printf("*********************************************************");
return;
}
void menu2()     //显示查询菜单
{ system("cls");
printf("*********************************************************");
printf("*^_^  ^_^  ^_^  ^_^  ^_^  ^_^  ^_^  ^_^  ^_^  ^_^  ^_^*");
printf("\t\t\t\t  1.书号查询\n\n");
printf("\t\t\t\t  2.书名查询\n\n");
printf("\t\t\t\t  3.作者查询\n\n");
printf("\t\t\t\t  4.出版社查询\n\n");
printf("\t\t\t        请按键选择,回车确定\n");
printf("*^_^  ^_^  ^_^  ^_^  ^_^  ^_^  ^_^  ^_^  ^_^  ^_^^_^*");
printf("*********************************************************");
return;
}
void menu3()   //显示借书系统主菜单
{
 system("cls");
 printf("*********************************************************");
```

```
printf("*^_^  ^_^  ^_^  ^_^  ^_^  ^_^  ^_^  ^_^  ^^_^  ^_^  ^_^*");
printf("\t\t\t\t  1.借书登记\n\n");
printf("\t\t\t\t  2.还书登记\n\n");
printf("\t\t\t\t  3.借阅情况查看\n\n");
printf("\t\t\t\t  4.返回上一层\n\n");
printf("\t\t\t          请按键选择,回车确定\n");
printf("*^_^  ^_^  ^_^  ^_^  ^_^  ^_^  ^_^  ^_^  ^_^^_^  ^_^  ^_^*");
printf("*************************************************************");
return;
}
```

(3) 图书馆信息函数。

```
void tsgxx()      //图书馆信息函数
{ void tsjinku();
  void shanchu();
  void chaxunts();
  void xianshikucun();      //函数声明
  char choose;
  menu1();      //调用菜单函数
  scanf("%c",&choose);
  scanf("%c",&choose);
  for(;;)
  switch(choose)      //功能函数选择
  {  case '1':tsjinku();break;
     case '2':shanchu();break;
     case '3':chaxunts();break;
     case '4':xianshikucun();break;
     case '5':main1();break;
  }
}
```

(4) 统计文本个数函数。

```
int tjzs()      //统计文本个数函数
{ FILE* fp;
  int tshuhao=0,txcl=0,n;
  char tname[20]={'\0'},tauthor[20]={'\0'},tchuban[20]={'\0'};
  fp=fopen("library.txt","r");          //打开文件
  for(n=0;!feof(fp);n++)                //逐个读文件
  fscanf(fp,"%d  %s  %s  %s  %d",&tshuhao,tname,tauthor,tchuban,&txcl);
  N--;
  fclose(fp);                           //关闭文件
  return(n);                            //返回个数
```

```
}
```

(5) 统计文本个数函数。

```
int tjdzzs()      //统计文本个数函数
{ FILE* fp;
 char zhenghao[15]={'\0'};
 int n;
 char mingzi[20]={'\0'},riqi[20]={'\0'},zname[20]={'\0'};
 fp=fopen("reader.txt","r");      //打开文件
 for(n=0;!feof(fp);n++)           //逐个读文件
 fscanf(fp,"%s  %s  %s  %s",&zhenghao,&mingzi,&riqi,&zname);
 fclose(fp);     //关闭文件
 return(n);      //返回个数
}
```

(6) 图书进库函数。

```
void tsjinku()        //图书进库函数
{ FILE* fp;
 int shuhao=0,xcl=0,n=0;
 char name[20]={'\0'},author[20]={'\0'},chuban[20]={'\0'};
 char hitkey;
  system("cls");     //清屏
  if((fp=fopen("library.txt","r"))==NULL)      //打开文件,不存在此文件则新建
  {  fp=fopen("library.txt","w");
     fclose(fp);
  }
  fp=fopen("library.txt","a");
  printf("\n\n\n\n\n\n\t\t\t请按以下格式输入图书信息:\t\t\t\t\t      书号      书名
作者      出版社   进库量\n\n请输入:");   //按格式输入图书馆信息
  for(;hitkey!=27;)      //循环输入
  { if(n!=0)
   printf("请输入:");
   scanf("%d%s%s%s%d",&shuhao,name,author,chuban,&xcl);
   fprintf(fp,"%d  %s  %s  %s  %d\n",shuhao,name,author,chuban,xcl);
   printf("继续输入请按回车,结束输入请按 esc\n");
   n++;
   hitkey=getch();
   for(;hitkey!=13&&hitkey!=27;)
   hitkey=getch();
   }
   fclose(fp);
   printf("\n\n\n\n\n\n\t\t\t保存成功,按任意键返回上一层!");
   getch();
   tsgxx();     //返回上一层
```

```
}
```

(7) 删除图书信息函数。

```
void shanchu()       //删除图书信息函数
{ struct library* head=NULL;
  struct library*p,*p1,*p2;
     int tshuhao=0,txcl=0,n=0,j,i;
     chartname[20]={'\0'},tauthor[20]={'\0'},tchuban[20]={'\0'},ttname[20]
     ={'\0'};
 char hitkey;
 FILE* fp;
  if((fp=fopen("library.txt","r"))==NULL)      //打开文件
  {  system("cls");
   printf("\n\n\n\n\n\n\n\n\n\t\t\t 记录文件不存在!按任意键返回...");
   getch();
   tsgxx();
  }
  else
  {  system("cls");
  printf("\n\n\n\n\n\n\n\n\t\t 请输入你要删除的书名:");      //输入删除图书书名
  scanf("%s",&ttname);
  printf("\t\t 确认删除请回车,取消请按 esc\n");
  hitkey=getch();
  for(;hitkey!=13&&hitkey!=27;)
   hitkey=getch();
  if(hitkey==27)
           tsgxx();
  fp=fopen("library.txt","r");
   for(j=0;!feof(fp);)      //读文件夹信息,统计个数
   {  j++;
    fscanf(fp,"%d%s%s%s%d",&tshuhao,tname,tauthor,tchuban,&txcl);
   }
      fclose(fp);
   fp=fopen("library.txt","r");
   for(i=1;i<j;i++)
   {  fscanf(fp,"%d%s%s%s%d",&tshuhao,tname,tauthor,tchuban,&txcl);
   if(strcmp(ttname,tname))      //比较名字,将不同名字的信息复制到链表
   {      n++;
    if(n==1)      //建立链表
    { p1=p2=(struct library*)malloc(LEN);
      head=p1;
```

```
    }
    else
    { p2->next=p1;
      p2=p1;
      p1=(struct library*)malloc(LEN);        //新建链表
    }
    p1->shuhao=tshuhao;                       //复制书号
    strcpy(p1->name,tname);                   //复制书名
    strcpy(p1->author,tauthor);               //复制作者名字
    strcpy(p1->chuban,tchuban);               //复制出版社
    p1->xcl=txcl;                             //复制个数
   }
   }
  if(n==0)
  {  head=NULL;
  }
  else
  {
  p2->next=p1;
  p1->next=NULL;
  fclose(fp);
  }
  }
  fp=fopen("library.txt","w");                //清空文件
  fclose(fp);
  fp=fopen("library.txt","a");                //追加文件
  p=head;
  for(;p!=NULL;)                              //把链表内容覆盖到文件
  {
   fprintf(fp,"%d%s%s%s%d\n",p->shuhao,p->name,p->author,p->chuban,p->xcl);
   p=p->next;
  }
 fclose(fp);           //关闭文件
 system("cls");
 printf("\n\n\n\n\n\n\n\n\t\t删除成功  \n\t\t按任意键返回上一层\n");
 getch();              //返回上一层
 tsgxx();
}
```

(8) 查询函数。

```
void chaxunts()        //查询函数
{
   FILE* fp;
```

```
  char choose;
int ttshuhao=0,tshuhao=0,txcl=0,n=0,k=0,i,l;
char tname[20]={'\0'},ttauthor[20]={'\0'},tauthor[20]={'\0'},
ttchuban[20]={'\0'},tchuban[20]={'\0'}, ttname[20]={'\0'};
if((fp=fopen("library.txt","r"))==NULL)     //打开文件
{  system("cls");
 printf("\n\n\n\n\n\n\n\n\n\t\t\t记录文件不存在!按任意键返回...");
 getch();
 tsgxx();
}
l=tjzs();     //获得文件个数
        menu2();    //调用菜单函数
   scanf("%c",&choose);scanf("%c",&choose);     //选择查询方式
   if(choose=='5')
  return;
 else if(choose=='1')      //书号查询
 {     system("cls");
  printf("请输入书号:");
  scanf("%d",&ttshuhao);
 }
 else
  if(choose=='2')      //书名查询
  {     system("cls");
   printf("请输入书名:");
   scanf("%s",ttname);
  }
   else
  if(choose=='3')      //作者查询
  {     system("cls");
   printf("请输入作者:");
   scanf("%s",ttauthor);
  }
   else
  if(choose=='4')      //出版社查询
  {     system("cls");
   printf("请输入出版社:");
   scanf("%s",ttchuban);
  }
  system("cls");
  for(i=0;i<l;i++)
  {  fscanf(fp,"%d%s%s%s%d",&tshuhao,tname,tauthor,tchuban,&txcl);
   //读文件信息
```

```
if(ttshuhao==tshuhao||!strcmp(ttname,tname)||!strcmp(ttauthor,tauthor)||
!strcmp(ttchuban,tchuban))  //输出查询信息
    {
     if(k==0)
     {
     printf("\t\t\t\t查询结果:\n\n");
     printf("\t 书号 书名 作者 出版社  现存量  \n");
     }
     printf("\t%-10d%-24s%-12s%-16s%-4d\n", tshuhao, tname, tauthor,
tchuban, txcl);
     k++;
    }
   }
   if(k==0)     //文件夹为空则输出无记录
   {    system("cls");
    printf("\n\n\n\n\n\n\n\t\t\t\t无符合记录!\n");
    getch();
    tsgxx();
   }
   fclose(fp);
   getch();       //返回
   tsgxx();
}
```

(9) 现实库存信息。

```
void xianshikucun()  //现实库存信息
 {
 FILE* fp;
    int shuhao=0,xcl=0,n=0,i=0,j=0;
    char name[20]={'\0'},author[20]={'\0'},chuban[20]={'\0'};
  if((fp=fopen("library.txt","r"))==NULL)    //打开文件夹
  {
  system("cls");
  printf("\n\n\n\n\n\n\n\n\n\t\t\t记录文件不存在!");
  }
 n=tjzs();
  if(n==0)
  {    system("cls");
   printf("\n\n\n\n\n\n\n\n\n\t\t\t无任何记录!");
  }
 fp=fopen("library.txt","r");
 system("cls");
 printf("**************************************************************");
```

```
    printf("\t 书号   书名 作者   出版社   库存量 \n");
    printf("*********************************************************");
    for(i=0;i<n;i++)      //输出信息
    {
     fscanf(fp,"%d%s%s%s%d",&shuhao,name,author,chuban,&xcl);
     printf("\t%-10d%-24s%-12s%-16s%-4d \n",shuhao,name,author,chuban,xcl);
    }
     fclose(fp);
    printf("\t\t\t\t 按任意键返回\n");
    getch();     //返回
    tsgxx();
   }
```

2）借阅系统模块

主要包括借书登记、还书登记、借阅情况查看三方面。借书登记内容：需要先输入借阅书名，然后输入借阅证号、姓名、归还日期、借书书名。还书登记内容：输入姓名、借阅证号、书名。借阅情况查看：选择借阅情况查看，将显示所有借阅者的信息。

自定义函数：

```
void menu3()              //显示借书系统主菜单
void jieshuxitong()       //借书系统函数
void jieshu()             //借书函数
void huanshu()            //还书函数
void duzheyilang()        //显示借书情况函数
```

(1) 借书系统函数。

```
void jieshuxitong()         //借书系统函数
{ void jieshu();
   void huanshu();
   void duzheyilang();      //函数声明
   char choose;
   menu3();
   scanf("%c",&choose);
   scanf("%c",&choose);     //选择功能
    for(;;)
   switch(choose)            //调用函数
    {   case '1':jieshu();break;
    case '2':huanshu();break;
    case '3':duzheyilang();break;
    case '4':main1();break;
    }
}
```

(2) 借书函数。

```
void jieshu()        //借书函数
```

```
{
 FILE* fp,* fp3;
 struct library* head=NULL;
 struct library* p,* p1,* p2;
 int tshuhao=0,txcl=0,i,loop,n=0,k=0,t=0,flag=0;
 char zhenghao[15]={'\0'};
char tname[20]={'\0'},tauthor[20]={'\0'},tchuban[20]={'\0'}, ttname[20]={'\0'},
mingzi[20]={'\0'},riqi[20]={'\0'},zname[20]={'\0'};
    char hitkey=0;
    system("cls");
 {
   if((fp=fopen("library.txt","r"))==NULL)        //打开图书馆文件
   {
  system("cls");
  printf("\n\n\n\n\n\n\n\n\n\t\t 图书馆无库存！按任意键退出！");
  getch();
  exit(0);
   }
      else
  {
  {
   printf("\n\n\n\n\n\n\t\t\t 请输入借阅书名:\t\t\t\t\t\t \n 请输入:");  //输入书名
              scanf("%s",zname);
              k=tjzs();              //统计图书馆文件个数
             for(i=0;i<k;i++)    //读入图书馆信息,存储到链表
   {
      fscanf(fp,"%d%s%s%s%d",&tshuhao,tname,tauthor,tchuban,&txcl);
       n++;
    if(n==1)
    {   p1=p2=(struct library*)malloc(LEN);
        head=p1;
    }
    else
    {    p2->next=p1;
     p2=p1;
     p1=(struct library*)malloc(LEN);        //新建链表
    }
    p1->shuhao=tshuhao;                      //复制书号
    strcpy(p1->name,tname);                  //复制书名
    strcpy(p1->author,tauthor);              //复制作者
    strcpy(p1->chuban,tchuban);              //复制出版社
    p1->xcl=txcl;                            //复制现存量
```

```
}
  if(n==0)
  head=NULL;
   else
{
   p2->next=p1;
   p1->next=NULL;
   fclose(fp);
}
}
}
p=head;
for(;p!=NULL;)        //读链表
{
if(!(strcmp(p->name,zname)))        //名字相同
{flag=1;              //标记取 1
loop=p->xcl;        //现存量减 1
(p->xcl)--;
}
p=p->next;
}
  if(flag&&(loop>0))      //存在借书书名且现存量大于 0
{ fp=fopen("library.txt","w");
   fclose(fp);
fp=fopen("library.txt","a");
   p=head;
 for(;p!=NULL;)
 {
   fprintf(fp,"%d%s%s%s%d \n", p->shuhao, p->name, p->author, p->chuban, p->xcl);
   p=p->next;
 }
 free(p);          //把链表内容覆盖文件
 fclose(fp);}
     if(flag&&(loop>0))        //存在借书书名且现存量大于 0
 {
  {
  if((fp3=fopen("reader.txt","r"))==NULL)      //建读者文件夹
  {    fp3=fopen("reader.txt","w");
       fclose(fp3);
  }
       fp3=fopen("reader.txt","a");
  }
```

```
      {
      {    if(n!=0)
 printf("\n\n\n\n\n\n\t\t\t请按以下格式输入读者信息:\t\t\t\t\t\t  证号   姓名
归还日期   借书书名 \n 请输入:");      //录入读者信息
 scanf("%s%s%s%s", &zhenghao[15], &mingzi[20], &riqi[20], &zname[20]);
 fprintf(fp3,"%s % s  %s  %s  \n", &zhenghao[15], &mingzi[20], &riqi[20], &zname[20]);
  fp=fopen("library.txt","w");      //删除图书馆文件信息
  fclose(fp);
  fp=fopen("library.txt","a");      //重新追加信息
  p=head;
  for(p!=NULL;)      //把链表内容覆盖图书馆文件
  {
 fprintf(fp,"%d%s%s%s%d \n",p->shuhao,p->name,p->author,p->chuban,p->xcl);
   p=p->next;
      }
   fclose(fp);
   fclose(fp3);
   printf("成功!按任意键返回\n");
   getch();     //返回
    jieshuxitong();
     }
     }
    jieshuxitong();
}  else
  printf("此书已被借完!按任意键返回!");      //否则输出此书已被接完
  getch();     //返回
  jieshuxitong();
      }
}
```

(3) 还书函数。

```
void huanshu()        //还书函数
{FILE* fp,* fp3;
 struct reader* head=NULL;
 struct reader* p,* p1,* p2;
 struct library* lhead1=NULL;
 struct library* zp1,* lp1,* lp2;
 int tshuhao=0,txcl=0,i;
 char tname[20]={'\0'},tauthor[20]={'\0'},tchuban[20]={'\0'}, ttname[20]={'\0'};
 char ttzhenghao[15]={'\0'},tzhenghao[15]={'\0'};
 int n=0,k=0,t=0,flag=0;
```

```
char tmingzi[20]={'\0'},triqi[20]={'\0'},tzname[20]={'\0'},ttzname[20]={'\0'};
char hitkey=0;
system("cls");
  {
if((fp=fopen("reader.txt","r"))==NULL)
          //不存在读者文件,则输出不能还书
{
  system("cls");
  printf("\n\n\n\n\n\n\n\n\n\t\t 不存在借书者!按任意键退出!");
  getch();
       exit(0);
 }

    else
  {
   {
   printf("\n\n\n\n\n\n\n\t\t\t 请输入读者 证号 书名:\t\t\t\t\t\t \n 请输入:");
   scanf("%10s%16s",&ttzhenghao,ttzname);    //输入还书证号和书名
   k=tjdzzs();    //获取读者文件夹信息个数
    for(i=0;i<k;i++)      //读取读者文件夹信息
   {
    fscanf(fp,"%s%s%s%s\n",&tzhenghao,tmingzi,triqi,tzname);
    if((ttzhenghao==tzhenghao)&&!strcmp(ttzname,tzname))
              //如果证号书名存在,则标记为 1
    flag=1;
   }
   fclose(fp);
   fp=fopen("reader.txt","r");     //打开读者文件
   if(flag)
   {
     for(i=0;i<k;i++)      //将读者文件复制到链表
    {
     fscanf(fp,"%s%s%s%s\n",tzhenghao,tmingzi,triqi,tzname);
              //读取文件信息
     if(!((ttzhenghao==tzhenghao)&&!strcmp(ttzname,tzname)))
    {n++;
    if(n==1)
    { p1=p2=(struct reader*)malloc(LEN1);   //新建链表
     head=p1;
    }
    else
    {      p2->next=p1;
```

```
    p2=p1;
    p1=(struct reader*)malloc(LEN1);        //新建链表
   }
   strcpy(p1->zhenghao,tzhenghao);          //复制证号
   strcpy(p1->mingzi,tmingzi);              //复制读者名字
   strcpy(p1->riqi,triqi);                  //复制日期
   strcpy(p1->zname,tzname);                //复制书名
   }
   }
      if(n==0)
  head=NULL;
  else
 {
      p2->next=p1;
      p1->next=NULL;
      fclose(fp);
 }
 fp=fopen("reader.txt","w");         //清空读者文件
    fclose(fp);
fp=fopen("reader.txt","a");          //追加信息
p=head;
 for(;p!=NULL;)                      //把链表内容覆盖读者文件
 {
  fprintf(fp,"%s%s%s%s \n",p->zhenghao,p->mingzi,p->riqi,p->zname);
 p=p->next;
 }
 free(p);
 fclose(fp);
 }
 }
}
}
    if(flag)        //标记为1,即还书时
{
 {
  {        printf("确认还书请按回车!");
            for(;hitkey!=13&&hitkey!=27;)
 hitkey=getch();
  if(hitkey==13)
 printf("成功!按任意键返回!");
  n=0;flag=0;
    fp3=fopen("library.txt","r");      //打开图书馆文件
```

```
k=tjzs();        //获取图书馆文件个数
     for(i=0;i<k;i++)       //将图书馆文件复制到链表
{
 fscanf(fp3,"%d%s%s%s%d",&tshuhao,tname,tauthor,tchuban,&txcl);
                //读取信息
   n++;
if(n==1)
{      lp1=lp2=(struct library*)malloc(LEN);     //新建链表
 lhead1=lp1;
}
else
{    lp2->next=lp1;
 lp2=lp1;
 lp1=(struct library*)malloc(LEN);     //新建链表
}
lp1->shuhao=tshuhao;              //复制书号
strcpy(lp1->name,tname);          //复制书名
strcpy(lp1->author,tauthor);      //复制作者
strcpy(lp1->chuban,tchuban);      //复制出版社
lp1->xcl=txcl;                    //复制现存量
}
    if(n==0)
 {    lhead1=NULL;
 }
    else
 {
    lp2->next=lp1;
    lp1->next=NULL;
    fclose(fp3);
 }
  }
 }
    zp1=lhead1;
for(;zp1!=NULL;)
{
 if(!(strcmp(zp1->name,ttzname)))        //寻找书名相同
  ++(zp1->xcl);                          //现存量加 1
 zp1=zp1->next;
}
    fp3=fopen("library.txt","w");        //清空图书馆文件
fclose(fp);
fp3=fopen("library.txt","a");            //追加信息
zp1=lhead1;
for(;zp1!=NULL;)                         //把链表内容覆盖图书馆文件
{
```

```
    fprintf(fp3,"%d  %s  %s  %s  %d  \n",
zp1->shuhao, zp1->name, zp1->author, zp1->chuban,zp1->xcl);  //录入信息
    zp1=zp1->next;
   }
   fclose(fp3);
     getch();       //返回
     jieshuxitong();
   }
     else
   printf("不存在此信息!按任意键返回!");
    getch();       //返回
    jieshuxitong();
 }
```

(4) 显示借书情况函数。

```
void duzheyilang()         //显示借书情况函数
{
 FILE* fp;
    char zhenghao[15]={'\0'};
    int xcl=0,n=0,i=0,j=0;
    char mingzi[20]={'\0'},riqi[20]={'\0'},zname[20]={'\0'};
  if((fp=fopen("reader.txt","r"))==NULL)     //打开读者文件夹
  {
  system("cls");
  printf("\n\n\n\n\n\n\n\n\n\t\t\t 记录文件不存在!");
  }
  n=tjdzzs();
   if(n==0)
  {   system("cls");
   printf("\n\n\n\n\n\n\n\n\n\t\t\t 无任何记录!");
  }
 fp=fopen("reader.txt","r");
 system("cls");
 printf("***************************************************************");
printf("\t 证号    读者姓名    还书日期      书名      \n");
 printf("**************************************************************");
 for(i=0;i<n;i++)       //输出文件信息
{
fscanf(fp,"%s%s%s%s\n",&zhenghao,mingzi,riqi,zname);
printf("\t%-4s   %-8s   %-8s   %-12s  \n", zhenghao, mingzi, riqi, zname);
 }
fclose(fp);
printf("\t\t\t\t 按任意键返回\n");
```

```
 getch();    //返回
jieshuxitong();
}
```

4. 详细程序

（见“精品课程”网页）

5. 测试运行实例

读者自行设计测试样例。

7.2 实训项目

运动会分数统计

1）问题描述

参加运动会的有 n 个学校，学校编号为 1…n。比赛分成 m 个男子项目和 w 个女子项目。项目编号为男子 1…m，女子 m＋1…m＋w。不同的项目取前五名或前三名积分；取前五名的积分分别为：7、5、3、2、1，前三名的积分分别为：5、3、2；哪些取前五名或前三名由学生自己设定。（m＜＝20，n＜＝20）

2）功能要求

（1）可以输入各个项目的前三名或前五名的成绩。

（2）能统计各学校总分。

（3）可以按学校编号、学校总分、男女团体总分排序输出。

（4）可以按学校编号查询学校某个项目的情况；可以按项目编号查询取得前三或前五名的学校。输入数据形式和范围：20 以内的整数（如果做得更好可以输入学校的名称，运动项目的名称）。输出形式：有中文提示，各学校分数为整型。

（5）界面要求：有合理的提示，每个功能可以设立菜单，根据提示，可以完成相关的功能要求。

3）存储结构

学生根据系统功能要求自己设计，但是要求运动会的相关数据要存储在数据文件中。

4）数据文件的数据读写方法等

相关内容，参考 c 语言程序设计教材。

5）测试数据

（1）全部合法数据；

（2）整体非法数据；

（3）局部非法数据。

进行程序测试，以保证程序的稳定。测试数据及测试结果请在上交的资料中写明。

参 考 文 献

[1] 李春保,桂超,周云才等.2006.数据结构.武汉:武汉大学出版社
[2] 李春葆,尹为民,李蓉蓉等.2009.数据结构教程(第3版)上机实验指导.北京:清华大学出版社
[3] 张铭,赵海燕,王腾蛟.2008.数据结构与算法.北京:高等教育出版社
[4] 陈元春,张亮,王勇.2007.实用数据结构基础.北京:中国铁道出版社
[5] 陈媛,何波,蒋鹏等.2007.数据结构学习指导、实验指导、课程设计.北京:机械工业出版社
[6] 邓文华,戴大蒙.2007.数据结构实验与实训教程.北京:清华大学出版社
[7] 苏仕华 等.2005.数据结构课程设计.北京:机械工业出版社
[8] 何钦铭,冯雁,陈越.2007.数据结构课程设计. 杭州:浙江大学出版社
[9] 董建寅,黄俊民,黄同成.2008.数据结构实验指导与题解.北京:中国电力出版社